STEaM
3학년
스틱
수학

상상의집

글 서지원 | 그림 문지현 | **감수 및 문제 출제** 김혜진, 김가희, 구미진, 최미라, 김민희

**펴낸날** 2013년 9월 2일 초판 1쇄 | 2015년 6월 9일 초판 4쇄

**펴낸이** 김상수 | **기획·편집** 고여주, 위혜정 | **디자인** 정진희, 문정선, 김수진 | **영업·마케팅** 황형석, 장재혁

**펴낸곳** 루크하우스 | **주소** 서울시 성동구 아차산로143 성수빌딩 208호 | **전화** 02)468-5057~8 | **팩스** 02)468-5051

**출판등록** 2010년 12월 15일 제2010-59호

www.lukhouse.com  cafe.naver.com/lukhouse

※ 잘못된 책은 구입처에서 바꾸어 드립니다.

※ 값은 뒤표지에 있습니다.

상상의집은 (주)루크하우스의 아동출판 브랜드입니다.

# STEAM 스틱 수학

3학년

상상의집

# 이 책을 만드는 데 함께해 주신 분들!

**동화 서지원**

개정 초등 수학 교과서 집필에 참여했습니다. 한양대학교 국문학과를 졸업하고 1989년 『문학과 비평』에 소설로 등단했습니다. 신문사 기자, 벤처 기업 대표, 출판사 편집자를 거쳐 현재 동화 작가로 활발히 글을 쓰고 있습니다. 쓴 책으로는 『빨간 내복의 초능력자』, 『몹시도 수상쩍은 과학교실』, 『즐깨감 수학일기』, 『즐깨감 과학일기』, 『어느 날 우리 반에 공룡이 전학 왔다』, 『훈민정음 구출 작전』, 『원더랜드 전쟁과 법의 심판』, 『원리를 잡아라! 수학왕이 보인다』, 『개념교과서』, 『토종 민물고기 이야기』, 『귀신들의 지리공부』, 『무대 위의 별 뮤지컬 배우』, 『어린이를 위한 리더십』 등이 있습니다.

**그림 문지현**

대학에서 섬유미술을, 대학원에서 문화콘텐츠를 공부했습니다. 그래픽 디자이너로 일하다 지금은 어린이책에 그림을 그리고 있으며, 다양한 분야에서 그림 작가로 활동하고 있습니다. 따뜻하고 사랑스러운 그림을 그리는 작가가 되고 싶습니다. 그린 책으로는 『교과서 명작 이야기1』, 『교과서 명작 이야기2』, 『상자놀이』, 『사과가 사각사각』 등이 있습니다.

## 문제 출제 및 감수를 해 주신 선생님들

**김혜진 선생님**  경기 석곶초등학교에서 어린이들을 가르치고 있습니다. 대학에서 초등교육과 유아교육을 전공하고 현재는 서울교육대학교 대학원에서 초등수학교육과 석사과정을 공부하고 있습니다. 현재 (사)전국수학교사모임 초등팀에서 수학시간을 더욱 즐겁게 하는 방법을 연구하고 있습니다.

**김가희 선생님**  서울 지향초등학교에서 어린이들을 가르치고 있습니다. 서울교육대학교 대학원에서 초등수학교육과 석사과정을 공부하고 있습니다. 수학을 어려워 하는 어린이들이 수학을 즐겁게 이해할 수 있게 도와줄 방법을 연구하고 있답니다.

**구미진 선생님**  서울 장충초등학교에서 어린이들을 기르치고 있습니다. 교원대학교에서 석사학위를 받고 싱가포르 수학 교과서와 한국 수학 교과서를 비교하여 연구하였습니다. 지은 책으로는 『수학사와 수학이야기(공저)』가 있습니다.

**최미라 선생님**  서울 송중초등학교에서 어린 친구들을 가르치고 있습니다. 현재 서울교육대학교 수학교육과 석사과정과 (사)전국수학교사모임 초등팀에서 더 쉽게 수학의 즐거움을 누릴 수 있는 방법을 열심히 연구하고 있답니다. 지은 책으로는 『사라진 모양을 찾아서』, 『스테빈이 들려주는 유리수 이야기』, 『손도장 콩콩! 놀자 규칙의 세계』, 『손도장 콩콩! 놀자 입체도형의 세계』 등이 있습니다.

**김민회 선생님**  서울교육대학교 수학교육과 석사과정에 있으며 서울 광남초등학교에서 아이들을 가르치고 있습니다. 방과 후 수학 영재 학급 운영, 영재교육 창의적 산출물 대회 참가 등 수학에 대한 관심이 많아 여러 활동들을 하고 있습니다. (사)전국수학교사모임 초등팀에서 더 즐겁고 재밌는 수학 공부 방법에 대해 연구하고 있지요. 지은 책으로는 『최고의 선생님이 풀어주는 수학 해설학습서』가 있습니다.

## 새 교과서와 함께 만드는 즐거운 〈스팀 STEAM 수학〉

2013년부터 초등학교 1, 2학년은 새로운 수학 교과서를 사용하게 됩니다. 새 교과서는 기존의 수학 교육과 달리 'STEAM 교육 이론'을 도입하여 Story-telling 방식으로 구성되어 있습니다. 요약된 학습 내용과 문제 중심의 교과서가 스토리텔링 방식의 서술과 창의 문제를 중심으로 바뀌는 것이지요.

'STEAM'이란 과학, 기술, 공학, 예술, 수학을 뜻하는 영어 단어의 앞 철자를 따서 부르는 말로 창의적 인재를 키우기 위해 여러 분야를 통합한 융합 교육을 의미합니다. 수학은 STEAM의 마지막 키워드로 융합 교육에서 과제 해결을 위한 도구로 사용되지요.

STEAM 교육에서 수학을 공부할 때는 다양한 분야에 녹아 있는 수학적 개념과 원리를 찾아내고 이해하는 것이 중요합니다. 또한 성취를 평가하는 방법 역시 계산 위주의 문제에서 풀이 과정을 중시하는 서술형 문제로 바뀌게 됩니다. 따라서 스토리텔링 방식의 서술에서 개념을 파악한 뒤, 개념에 대한 충분한 이해를 바탕으로 창의적으로 문제를 해결하고 이를 효과적으로 표현하는 서술 능력이 필요합니다.

〈3학년 스팀 STEAM 수학〉은 교과서 집필진과 초등 현직 선생님들이 함께 만든 스토리텔링 수학 책입니다. 수학 개념이 제대로 녹아든 재미있는 이야기와 통합교과형 창의 문제들로 수학을 즐겁게 시작할 수 있습니다. 〈3학년 스팀 STEAM 수학〉은 어린이들에게 자기 주도 학습의 동기를 주고 더 탄탄한 수학 세계로 가는 디딤돌이 될 것입니다.

| 스토리텔링 동화 | 개념 추출과 정리 | 개념 문제 | 창의 문제 |
|---|---|---|---|
| 개념 이해 | | 수학적 적용 훈련 | 창의력 개발 |

(다이어그램: 수학 Mathematics, 과학 Science, 예술 Arts, 기술 Technology, 공학 Engineering, 중심에 STEAM 교육)

# 이 책의 구성과 활용

즐거운 수학 시작!

◆ 수학 과목에서 해당되는 분류를 안내합니다.

◆ 관련 교과 단원을 소개합니다.

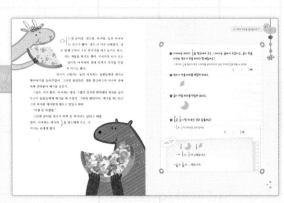

재미있는 이야기

◆ 수학적 개념과 원리를 재미있는 이야기로 담아 냈습니다.

◆ 이야기 속 개념을 짚어 줍니다.

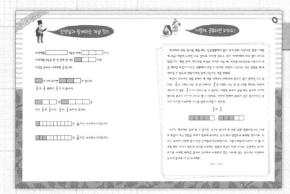

## 선생님과 함께하는 개념 정리

◆ 현직 초등학교 선생님들의 생생한 수업을 담았습니다.

◆ 개념과 원리를 스스로 깨칠 수 있도록 돕습니다.

◆ 이해의 폭을 넓히는 친절한 조언을 담았습니다.

## 개념 튼튼, 개념 문제

◆ 현직 초등학교 선생님들이 직접 출제한
  개념 문제를 풀어 봅니다.

◆ 스토리텔링 서술에서 수학적 개념을 도출하는
  방법을 안내합니다. 최근의 평가 경향을 반영한
  다양한 유형들을 소개합니다.

## 창의력 쑥쑥, 창의 문제

◆ STEAM 교육 이론을 반영한 창의 문제로
  수학적 창의력을 높입니다.

◆ 놀이처럼 즐겁게 수학적 사고의 방법을
  알려줍니다.

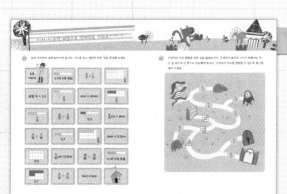

# 이 책을 만나는 어린이들에게

## "수학을 왜 배워?"란 말은 더 이상 할 수 없을걸?

　새로운 수학 교과서를 만난 어린 친구들은 행운인지도 몰라. 지금 어른들이 어린이였을 때는 수학이 지루하고 어려운 과목이라고 생각한 경우가 정말 많았거든. 공식을 달달 외우고 숫자들과 씨름할 때마다, "수학을 왜 배워야 해? 생활에는 아무 쓸모없는데." 라고 불평하기 일쑤였지. 하지만 수학은 우리 생활 아주 가까이에 있어. 수학적 눈으로 우리 주변을 살펴보면 우리 주변의 모든 것들이 신기하게도 수학과 관련이 있지. 이렇게 수학을 신 나게 익히는 방법을 많은 분들이 연구했단다. 그래서 어린 친구들 앞에 즐거운 수학으로 가는 안내서를 내놓았어.

　이 책을 읽을 때는 편안한 마음으로 이야기를 먼저 읽어 보자. 재미있는 이야기일 뿐이라고 생각했나면, 〈선생님과 함께하는 개념 정리〉에서 놀라게 될 거야. '이야기 속에 이런 수학이 숨어 있었다니!' 하고 말이야. 그리고 이야기에서 찾아낸 개념들로 이루어진 문제를 풀어 보자. 문제라고 겁먹을 것 없어. 개념을 잘 이해하고 있다면 차근차근 따라갈 수 있는 즐거운 수수께끼니까 말이야. 가끔은 신 나게 그림을 그리고 미로를 찾아가기도 하지. 어린 친구들은 고개를 갸우뚱거릴지도 몰라. "이게 수학이라고?" 그래! 이것이 바로 수학이야. 우리가 만나 볼 새롭고 즐거운 수학!

# 차 례

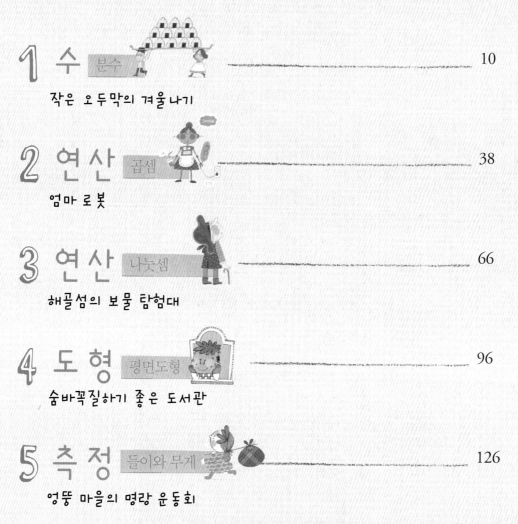

# 1 수

분수

# 작은 오두막의 겨울 나기

진짜야, 버스만큼 큰 곰이랑 자동차만큼 큰 염소랑 의자만 한 토끼가 나타났어. 농부 아저씨는 하도 놀라서 눈만 깜빡거렸지. 깜빡, 깜빡. 그런데 곰이랑 염소랑 토끼는 배가 고프다며 아저씨한테 말하는 거야.

"먹어도 돼요?"

놀란 농부 아저씨는 자길 잡아먹으려는 건 줄 알고 놀라서 "엄마야!" 하고 외쳤지. 하지만 농부 아저씨는 배추를 보고 곧 알아차렸어. 요놈들이 먹고 싶은 게 바로 이 싱싱하고 파릇파릇한 배추로구나.

"머, 먹어도 돼."

아저씨의 말이 떨어지기 무섭게 우적우적, 아삭아삭, 아작아작! 곰이랑 염소랑 토끼는 농부 아저씨가 정성껏 기른 배추를 한 잎도 남기지 않고 먹어 치웠어.

농부 아저씬 처음엔 겁이 났지만, 나중엔 서러워졌어. 얼마나 힘들게 농사지은 배추인데, 그걸 다 먹어 치우다니! 농부 아저씨는 엉엉 울었지.

"엉, 엉, 엉!"

농부 아저씨는 울음을 멈추지 않았어. 그러자 미안해진 곰이랑 염소랑 토끼가 농부 아저씨에게 사과했어. 하지만 이미 밭에는 아무것도 남아 있지 않았지. 다 먹어 치워 버린 뒤였으니까.

"우리가 농사를 새로 지어 줄게."

곰이랑 염소랑 토끼는 새로 농사를 지어 주겠다고 했어.

"그런데 농사를 지으려면 뭐부터 해야 하는 거야?"

농부 아저씨는 눈물을 훔치며 일단 밭부터 갈아야 한다고 했지. 새로운 농작물을 심으려면 밭을 갈아서 흙을 보들보들 부드럽게 해 주어야만 해. 그리고 나서 씨앗을 토옥, 톡 뿌려 주어야 하지.

"좋아, 먼저 밭을 갈자."

곰이랑 염소랑 토끼는 밭을 서로 나누어 갈자고 했어. 곰은 밭을 똑같이 나누자고 했지.

☆ 곰이랑 염소랑 토끼는 밭을 똑같이 나누어 갖자고 했어요. 밭 전체를 똑같이
3으로 나눈 것 중의 1을 색칠해 보세요.

☆ 전체에 대해 색칠한 부분의 크기를 분수로 나타내 보세요.

$$\frac{1}{3}$$

개념 잡기

• 자연수의 분수에 대해 알아보기

• 전체를 똑같이 3으로 나눈 것 중의 1을 $\frac{1}{3}$ 이라고 씁니다.

부분의 수 → $\frac{1}{3}$ ← 전체를 똑같이 나눈 수 농부 아저씨는 열심히 밭을 갈고 있는 곰이랑 염소랑 토끼에게 간식을 갖다 주기로 했어. 하지만 보통 간식으론 안 될 것 같지 뭐야. 진짜로 곰은 버스만큼 크고, 염소는 자동차만큼 크고, 토끼는 의자만큼 컸거든.

농부 아저씨는 집으로 달려가서 아내에게 아주아주 커다란 주먹밥을 많이 만들라고 했어. 아내는 영문도 모른 채 사람 머리통만 한 주먹밥을 12개나 만들었지. 농부 아저씨는 그 커다란 주먹밥을 들고 밭으로 갔어.

"배고프지, 애들아?"

농부 아저씨가 주먹밥을 내밀자 곰이랑 염소랑 토끼는 군침을 흘렸어. 농부 아저씨는 동물들에게 싸우지 말고 사이좋게 나눠 먹으라고 했지.

⭐ 농부 아저씨와 곰, 염소, 토끼는 주먹밥을 나눠 먹으려고 해요. 주먹밥 12개를 $\frac{1}{4}$씩 나누어 먹으려고 합니다. 각자 주먹밥을 몇 개씩 먹을 수 있을까요?

· 12개의 $\frac{1}{4}$을 구해야 해요.

⭐ 주먹밥 12개를 똑같이 4묶음으로 나누어 보세요.

· $\frac{1}{4}$은 전체를 똑같이 4로 나눈 것 중의 1이에요.

⭐ 주먹밥 12개를 똑같이 4묶음으로 나누면 한 묶음은 몇 개일까요?

· 12개를 똑같이 4묶음으로 나누면 한 묶음은 3개입니다.

( 3 )개

⭐ 12의 $\frac{1}{4}$은 얼마일까요?

( 3 )

⭐ 각자 주먹밥 몇 개를 가질 수 있을까요?

· 12의 $\frac{1}{4}$는 3입니다.

( 3 )개

· ●의 $\frac{■}{■}$는 ●를 똑같이 ■로 나눈 것 중의 ▲입니다.

어느새 곰이랑, 염소랑, 토끼랑, 농부 아저씨는 친구가 됐어. 넷은 곧 아주 친해졌지. 넷은 함께 모여서 고리 던지기를 하고 놀기도 하고, 카드 게임을 하기도 했어. 주룩주룩 비가 오는 날이면 아저씨의 집에 모여서 피자를 만들어 먹기도 했지.

피자가 구워지는 동안 아저씨는 동물들에게 재미난 옛이야기를 들려주었어. 그러면 동물들은 귀를 쫑긋하고서 아저씨 곁에 바짝 달라붙어 얘기를 들었지.

그날도 비가 왔어. 아저씨는 항상 그랬던 것처럼 화덕에다 피자를 넣어 두고서 동물들에게 얘기를 해 주었지. 그런데 웬일이야. 얘기를 하느라고 그만 피자를 새카맣게 태우고 말았지 뭐야.

"이젠 못 먹겠네."

그런데 곰이랑 염소가 바짝 탄 피자라도 달라고 떼를 썼어. 아저씨는 피자의 $\frac{1}{3}$ 을 염소에게 주고, 나머지는 곰에게 줬지.

⭐ 아저씨는 피자의 $\frac{1}{3}$을 염소에게 주고, 나머지는 곰에게 주었어요. 곰이 먹을 피자는 염소가 먹을 피자의 몇 배일까요?

• 피자의 $\frac{1}{3}$을 염소가 먹고, 나머지를 곰이 먹으면, 곰은 피자의 $\frac{2}{3}$를 먹을 수 있어요.

(    2    ) 배

⭐ 염소가 먹을 피자를 색칠해 보세요.

⭐ 곰이 먹을 피자를 색칠해 보세요.

⭐ $\frac{2}{3}$ 는 $\frac{1}{3}$이 몇 개 모인 것과 같을까요?

• $\frac{2}{3}$ 는 $\frac{1}{3}$이 2개 모인 것과 같아요.

(    2    ) 개

개념 잡기

$\frac{2}{3}$   ◓    $\frac{1}{3}$   ◓

→ $\frac{2}{3}$ 는 $\frac{1}{3}$이 2개입니다.

• $\frac{■}{■}$ 는 $\frac{1}{■}$이 ▲ 개입니다.

진짜 커다란 곰이랑 염소랑 토끼는 농부 아저씨네 집을 제집처럼 드나들었어. 어떤 때는 아예 농부 아저씨의 침대에서 잠을 자기도 했고, 화장실도, 목욕탕도, 거실도 마음대로 사용했지. 농부 아저씨는 식구가 한꺼번에 셋이나 불어난 느낌이었어.

그렇다고 아주 불편해진 것만도 아니야. 곰에게 기대어 텔레비전을 보면 폭신한 털 덕분에 편안했고, 이불 대신 토끼를 배 위에 올려놓으면 장작을 떼지 않아도 될 정도로 따뜻했지. 게다가 염소는 하루에 한 번씩 엄청나게 많은 우유를 줬어. 한꺼번에 많은 젖을 짜는 게 힘들긴 했지만, 그걸 다 짜고 나면 모두가 우유를 한 잔씩 나눠 먹을 수 있었지.

그날도 아저씨는 염소의 젖을 짜서 컵에 따랐어. 그랬더니 곰이랑 토끼가 서로 더 우유를 많이 먹겠다며 티격태격하지 뭐야.

⭐ 곰이랑 토끼는 모양과 크기가 같은 컵을 각각 한 개씩 가지고 있어요. 곰의 컵에는 $\frac{2}{5}$, 염소의 컵에는 $\frac{3}{5}$만큼 우유가 들어 있지요. 누구의 컵에 우유가 더 많이 들어 있을까요?

(        염소        )

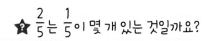

- $\frac{2}{5}$와 $\frac{3}{5}$의 크기를 비교하면 돼요.

- $\frac{2}{5}$와 $\frac{3}{5}$은 가로 선 아래의 수가 같아요.

- 가로 선 아래의 수가 같은 분수는 가로 선 위의 수가 클수록 큰 분수예요.

⭐ $\frac{2}{5}$는 $\frac{1}{5}$이 몇 개 있는 것일까요?

(        2        ) 개

⭐ $\frac{3}{5}$은 $\frac{1}{5}$이 몇 개 있는 것일까요?

(        3        ) 개

개념 잡기

- 가로 선 아래의 수가 같을 때에는, 가로 선 위의 수가 클수록 큰 분수예요.

$\frac{2}{5}$와 $\frac{3}{5}$의 크기 비교 : $2 < 3 \Rightarrow \frac{2}{5} < \frac{3}{5}$

가로 선 위의 수

어느새 추운 겨울이 왔어. 농부 아저씨는 밭이 꽁꽁 얼어서 농사를 지을 수가 없었지. 큰 곰이랑, 염소랑, 토끼는 아저씨 집에서 겨울을 나기로 했어.

"정말 쟤들이랑 같이 지내야만 해요?"

농부 아저씨의 아내는 눈을 치켜뜨고 짜증을 냈지. 집이 비좁아서 견딜 수 없었던 거야. 게다가 음식은 또 얼마나 먹어 치우는지! 빵 하나를 식탁 위에 놔두면 곰이랑 염소랑 토끼가 눈 깜짝할 사이에 먹어 치워 버렸어. 농부 아저씨랑 아줌마는 쫄쫄 굶는 수밖에.

"더 이상은 쟤들이랑 나눠 먹을 수 없어요!"

아줌마는 조금 남은 밀가루를 사용해서 빵 2개만 구웠어. 하나는 아줌마 거였고, 하나는 농부 아저씨 거였지. 동물들이 군침을 흘리며 바라봤지만 아줌마는 아랑곳하지 않고 빵을 $\frac{1}{2}$ 이나 먹었어. 아저씨는 야금야금 $\frac{1}{4}$ 을 먹었지.

"이거라도 같이 나눠 먹자."

농부 아저씨는 차마 빵을 혼자 먹을 수 없었어. 결국 아저씨는 먹던 빵을 동물들에게 나눠 주고 말았지.

· 아줌마와 아저씨는 크기가 같은 빵을 각각 한 개씩 가지고 있어요. 아줌마는 $\frac{1}{2}$ 만큼, 아저씨는 $\frac{1}{4}$ 만큼 먹었어요.

• 가로 선 아래의 수가 달라서 비교할 수가 없을 때가 있어요. 이럴 때에는 가로 선 위의 수가 1 일 때, 가로 선 아래의 수가 작을수록 더 큰 분수예요.

⭐ 아줌마가 먹은 빵만큼 색칠해 보세요.

⭐ 아저씨가 먹은 빵만큼 색칠해 보세요.

⭐ $\frac{1}{2}$ 은 전체를 똑같이 몇 개로 나눈 것일까요?    (      2      ) 개

⭐ $\frac{1}{4}$ 은 전체를 똑같이 몇 개로 나눈 것일까요?    (      4      ) 개

⭐ 아줌마와 아저씨 중에서 누가 빵을 더 많이 먹었을까요? (    아줌마    )

개념 잡기

• 가로 선 위의 수가 1인 분수의 크기를 비교할 때에는, 가로 선 아래의 수가 작을수록 더 큰 분수예요.

$\frac{1}{2}$ 와 $\frac{1}{4}$ 의 크기 비교 : $2 < 4 \Rightarrow \frac{1}{2} > \frac{1}{4}$

 $\blacktriangle < \blacksquare \rightarrow \frac{1}{\blacktriangle} > \frac{1}{\blacksquare}$

"우리가 산으로 가서 먹을 걸 찾아올게."

아저씨에게 미안해진 곰이랑 염소랑 토끼는 눈 덮인 산으로 가서 먹을 걸 구해 오겠다고 했어. 농부 아저씨는 위험하다며 말렸지만, 동물들은 씩씩하게 앞으로 나아갔지. 아저씨는 목을 쭉 빼고 동물들이 돌아오기를 기다렸어. 하지만 해가 뉘엿뉘엿 질 때까지 동물들은 돌아오지 않았어. 아저씨는 이제나 저제나 하며 걱정스럽게 동물들을 기다렸지.

한참 뒤, 밤이 으슥해졌을 무렵의 일이야. 누군가 농부 아저씨의 문을 똑똑똑 두드리는 게 아니겠어? 농부 아저씨는 자다 말고 벌떡 일어나 문을 열어 주었어. 그러자 문 앞에 버스만큼 커다란 눈사람, 자동차만큼 커다란 눈사람, 의자만큼 커다란 눈사람이 서 있었어. 그 눈사람은 바로 눈을 소복소복 맞으며 돌아온 곰이랑 염소랑 토끼였지. 동물들은 산에서 구해 온 것들을 내려놓았어.

"이 가운데 $\frac{1}{10}$은 먹지 말고 아껴 두자. 우리가 힘든 겨울을 보내야 하는 이유는 아껴 둔 음식이 없기 때문이야."

아저씨는 먹을 것들을 바라보며 말했지.

★ $\frac{1}{10}$ 만큼 색칠해 보세요.

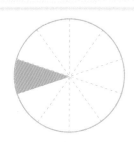

★ 0.1만큼 색칠해 보세요.

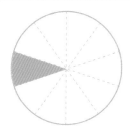

**개념 잡기**

• 전체를 똑같이 10으로 나눈 것 중의 1을 분수로 나타내면 $\frac{1}{10}$이에요.

분수 $\frac{1}{10}$은 소수 0.1로 쓰지요.

$$ \text{분수} \rightarrow \quad \frac{1}{10} = 0.1 \quad \leftarrow \text{소수} $$

기 나긴 겨울이 가고 마침내 봄이 왔어. 비좁은 농부 아저씨네 집에
도 봄 냄새가 솔솔 풍겨 왔지. 버스만큼 커다란 곰은 기지개를
켜며 좋아했고, 자동차만큼 커다란 염소는 새싹이 난 들판을 콩콩 뛰어다
녔어. 의자만큼 커다란 토끼는 기다란 귀를 쫑긋거리며 봄의 소리를 감상
했지.

"이젠 떠나야 할 때가 됐어."

"맞아, 우린 숲으로 돌아가야 해."

동물들은 정든 농부 아저씨의 집을 떠나 숲으로 가야 한다고 생각했어.
하지만 무작정 헤어지고 싶진 않았지. 동물들은 농부 아저씨에게 무언가
특별한 선물을 해 주고 싶었던 거야. 골똘히 생각에 잠겼던 토끼가 파티
를 열자고 했어. 곰도 염소도 모두 좋다고 했지. 동물들은 냉큼 헛간으로
가서 길이가 1m나 되는 기다란 테이프를 찾아왔어. 셋은 테이프를 똑같
이 10개로 나누어서 리본을 만들기로 했지.

⭐ 전체 길이가 1m인 테이프를 똑같이 10개로 나누었어요. 나눈 테이프 1개의

길이를 색칠해 보세요.

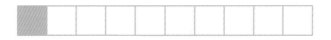

⭐ 색칠한 테이프를 소수로 나타내면 얼마일까요?

(                    0.1                    )

⭐ 칠한 테이프 1개의 길이를 m와 cm로 나타내 보세요.

(          0.1m , 10cm          )

 개념 잡기

• 전체를 똑같이 10으로 나눈 것 중의 2개, 3개, ……, 9개를 분수로
나타내면

$\frac{2}{10}$, $\frac{3}{10}$, ……, $\frac{9}{10}$입니다.

• $\frac{2}{10}$, $\frac{3}{10}$, ……, $\frac{9}{10}$을 소수로 나타내면

0.2, 0.3, ……, 0.9입니다.

" 이젠 감사 카드를 쓸 차례야."

 곰이랑 염소랑 토끼는 농부 아저씨에게 고마운 마음을 담아 카드를 쓰기로 했어. 그런데 곰은 색연필이 너무 작아서 글을 쓰기가 힘들었어. 곰이 가진 색연필은 길이가 7cm보다 0.3cm 더 길었지. 곰은 염소에게 색연필을 빌려 달라고 했어. 염소가 가진 색연필은 7cm 8mm였거든.

 "네 색연필이 내 것보다 더 큰 것 같아. 빌려 줘."

 "싫어, 내 것이 더 작단 말이야."

 염소는 자기 색연필이 더 작다며 빌려 주려고 하지 않았지. 그러자 곰이 버럭 화를 냈어. 염소도 지지 않았지. 둘은 티격태격 싸움을 하고 말았어. 그걸 본 토끼가 농부 아저씨에게 쫓아가 싸움을 말려 달라고 했어.

· 곰이 가진 색연필의 길이는 7cm보다 0.3cm 더 길고, 염소가 가진 색연필의
길이는 7cm 8mm이지요.

· 7cm와 0.3cm는 7.3cm예요. 또한 7cm 3mm와 같아요. 7cm 8mm는 7.8cm예요. 또한
7cm보다 0.8cm 더 길어요.

⭐ 곰이 가진 색연필의 길이는 얼마일까요? cm로 나타내 보세요.

(                7.3cm                )

⭐ 염소가 가진 색연필의 길이는 얼마일까요? cm로 나타내 보세요.

(                7.8cm                )

⭐ 염소가 가진 색연필의 길이는 7cm보다 얼마나 더 긴가요?

(            0.8cm 또는 8mm            )

⭐ 곰과 염소 중에서 누가 더 긴 색연필을 갖고 있을까요?

(                염소                )

개념 잡기

· 7과 0.3만큼을 7.3이라고 해요.
· 10mm는 1cm예요. 따라서 1mm는 0.1cm와 같아요.

"이제 여길 떠날 생각인 거니?"

싸움을 말리러 온 농부 아저씨가 아쉬운 듯 물었어. 커다란 곰이랑 염소랑 토끼는 봄이 되었으니 숲으로 돌아가야 한다고 했지. 아저씨는 눈물을 글썽거렸어. 곰이랑 토끼랑 염소도 마음이 뭉클해졌지.

"아저씨가 돌봐 주지 않았더라면 추운 겨울을 버틸 수 없었을 거야."

"맞아, 고마워, 아저씨."

동물들은 가을이 되면 또 아저씨를 찾아오겠다고 약속했어. 아저씨는 동물들에게 줄 맛있는 배추를 준비해 두겠다고 했지. 그렇게 모두는 서로를 꼭 끌어안고 마지막 작별 인사를 했어.

수막대 [          ] 를 3등분 하면 [   |   |   ] 이고,

수막대를 3등분 한 것 중에 한 개는 [▨|   |   ] 이며,

이것을 분수로 나타내면 $\frac{1}{3}$ 입니다.

[▨|   |   ] 이 2개 모이면 [▨|▨|   ] 가 됩니다.

$\frac{1}{3}$ 과 $\frac{2}{3}$ 중에서 $\frac{2}{3}$ 가 더 큽니다.

[▨|   |   ] 과 [▨|   |   |   ] 은

각각 $\frac{1}{3}$ 과 $\frac{1}{4}$ 이고, $\frac{1}{3}$ 이 $\frac{1}{4}$ 보다 더 큽니다.

[▨|   |   |   |   |   |   |   |   |   ] 은 $\frac{1}{10}$ 이고, 소수로는 0.1입니다.

[▨|▨|▨|   |   |   |   |   |   |   ] 은 $\frac{3}{10}$ 이고, 소수로는 0.3입니다.

학교에서 처음 분수를 배울 때는 일상생활에서 많이 보지 못한 모양처럼 생겼기 때문에 조금 어렵게 느껴질 수도 있어요. 하지만 분수는 우리 가까이에서 아주 많이 쓰이고 있답니다. 예를 들어, 케이크를 똑같은 크기로 나눌 때, 피자를 8조각으로 나누어서 먹을 때처럼 똑같이 나누는 상황에서 쓰일 수 있어요. 똑같이 나눈다는 것은 겹쳤을 때 포개어질 수 있도록 쌍둥이처럼 같게 나눈다는 것을 말해요.

똑같이 나누어진 것들 중에서 몇 개를 나타내느냐에 따라 분수의 값이 달라질 수도 있어요. $\frac{4}{5}$는 5개로 나눈 것 중 4개이고, $\frac{3}{5}$은 5개로 나눈 것 중 3개를 뜻하죠. 따라서 개수가 더 많은 $\frac{4}{5}$가 더 크다고 할 수 있어요. 이렇듯 분모가 같을 때는 분자의 크기가 클수록 분수의 크기가 크다고 할 수 있지요. 간단히 말해서 분모가 같은 분수끼리는 분자의 크기만 비교하면 크기를 쉽게 비교할 수 있어요.

$$\frac{4}{5} \text{와} \frac{3}{5}$$

소수는 평소에도 쉽게 볼 수 있지요. 소수는 분수의 또 다른 표현 방법이랍니다. 10개로 똑같이 나눈 것들을 우리가 평소에 표시하는 숫자 표시 방법으로 표현한 것이지요. 소수는 우리가 이전에 알고 있던 숫자들과 비슷하답니다. 그렇기 때문에 소수의 크기를 비교할 때도 우리가 평소에 숫자를 비교하는 방법과 똑같이 하면 되지요. 일반적인 숫자의 크기를 비교할 때처럼 앞자리 숫자부터 비교하고 같은 자리에 있는 숫자끼리 비교하여 숫자가 클수록 더 큰 소수예요.

$$0.4 < 0.7$$

개념문제 아래 도형 중 똑같이 나눈 것을 모두 찾아 기호로 쓰세요.

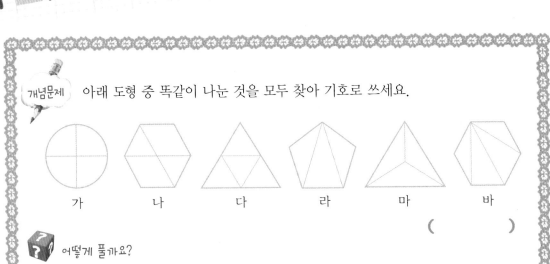

가 나 다 라 마 바

( )

어떻게 풀까요?

똑같이 나누었다는 것은 나누어진 조각들이 모두 똑같아야 한다는 것을 말해요. 따라서 나누어진 조각들을 겹쳤을 때 완전히 포개어져야 한답니다.

**01** 다음 도형을 분수로 나타내고 읽어 보세요.

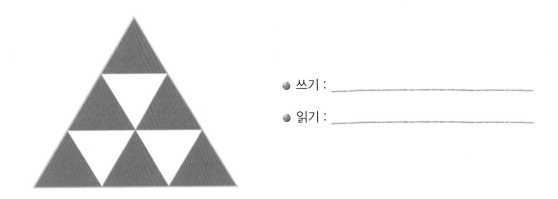

● 쓰기 : _____

● 읽기 : _____

**02** 지영이는 케이크의 $\frac{2}{4}$ 만큼 먹었고, 예슬이는 케이크의 $\frac{1}{4}$ 만큼 먹었습니다. 케이크를 더 많이 먹은 사람은 누구인가요?

( )

다음 분수의 크기를 표시하고, 크기를 비교하세요.

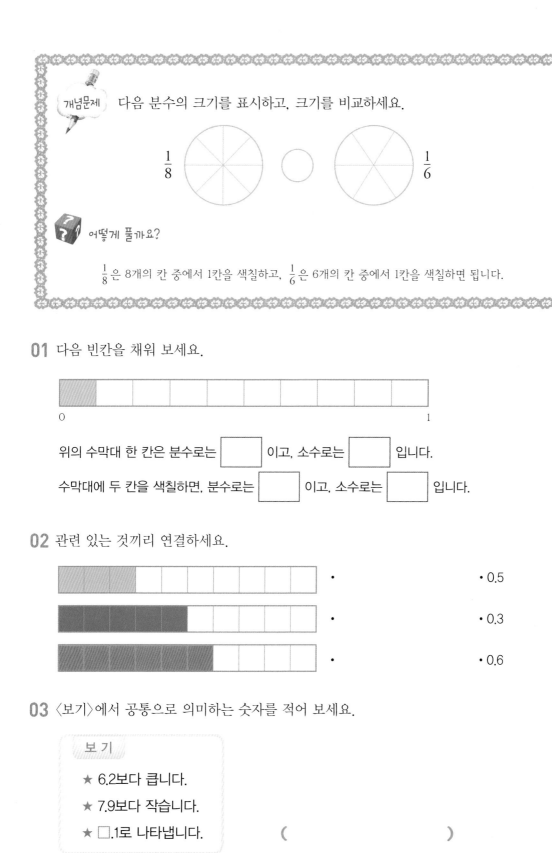

$\dfrac{1}{8}$        $\dfrac{1}{6}$

어떻게 풀까요?

$\dfrac{1}{8}$ 은 8개의 칸 중에서 1칸을 색칠하고, $\dfrac{1}{6}$ 은 6개의 칸 중에서 1칸을 색칠하면 됩니다.

**01** 다음 빈칸을 채워 보세요.

0                                                 1

위의 수막대 한 칸은 분수로는 [ ] 이고, 소수로는 [ ] 입니다.

수막대에 두 칸을 색칠하면, 분수로는 [ ] 이고, 소수로는 [ ] 입니다.

**02** 관련 있는 것끼리 연결하세요.

·          · 0.5

·          · 0.3

·          · 0.6

**03** 〈보기〉에서 공통으로 의미하는 숫자를 적어 보세요.

보 기

★ 6.2보다 큽니다.

★ 7.9보다 작습니다.

★ □.1로 나타냅니다.                     (                    )

**01** 농부 아저씨가 집에 돌아가려 합니다. 카드를 보고 계산이 바른 것을 연결해 보세요.

농부
아저씨

0.1이 4개 모임

$\frac{5}{7} < \frac{1}{7}$

$\frac{5}{18}$

삼점 구 = 3.9

$\frac{3}{10}$

4cm = 40mm

$\frac{3}{10}$

$\frac{4}{10}$

$\frac{6}{12} < \frac{4}{12}$

0.3

$\frac{8}{10}$cm = 8mm

$\frac{4}{10} < \frac{2}{10}$

0.3

$\frac{5}{20}$

3mm = 0.3cm

0.9

$\frac{5}{10}$cm = 0.2cm

$\frac{19}{46} < \frac{15}{46}$

0.1이 5개 모임

0.7

$\frac{5}{12} < \frac{3}{12}$

5mm = 5cm

수진이는 미로 탐험을 하다 길을 잃었습니다. 수진이가 출구로 나가기 위해서는 두 수 중 분수가 큰 쪽으로 이동해야 합니다. 수진이가 미로를 탈출할 수 있도록 출구를 찾아 주세요.

# 2 연산

곱셈

# 엄마 로봇

우리 엄마는 '로봇'이다. 놀랍겠지만, 원래 우리 엄만 내가 태어날 때 돌아가셨다고 한다. 그래서 과학자인 아빠 외로운 나를 위해 로봇 엄마를 만들어 줬다.

로봇 엄마는 좋은 점이 아주 많다. 우선, 엄마는 메모리가 100기가바이트가 넘는다. 그래서 엄마는 아빠나 내가 내뱉은 말은 뭐든 기억한다. 절대 깜빡 잊는 법이 없다. 덕분에 나는 숙제를 빼먹은 적도 없고, 준비물을 잊어 본 적도 없다. 또 엄마는 척척박사다. 내가 모르는 것을 물어보면 뭐든 단숨에 대답해 준다.

하지만 이런 엄마에게도 몇 가지 불편한 점이 있다. 그 가운데 하나가 하루에 한 번 충전을 해야 한다는 것이다. 충전을 하지 못하면 엄마는 움직이지 못한다. 늘어진 테이프처럼 느릿느릿한 목소리로 같은 말만 반복할 뿐이다.

또, 엄마는 로봇이기 때문에 표정이 없다. 기쁠 때도, 슬플 때도 늘 똑같은 표정만 짓는다. 게다가 엄마는 로봇이라서 사람처럼 밥을 먹는 대신 기름을 마셔야만 한다. 목욕도 하지 못한다. 대신 기름으로 곳곳을 닦아 주어야만 한다. 그래도 난 엄마가 좋다. 로봇이라도 날 가장 사랑하니까.

    "엄마랑 같이 갈 거야!"

나는 야외 체험 학습을 엄마랑 같이 가겠다고 떼를 썼다. 아빠는 위험하다며 말렸지만 절대 포기할 수 없었다. 다른 애들은 모두 엄마 손을 잡고 오는데, 나만 혼자 가는 게 싫었던 것이다.

아빠는 절대 안 된다며 말렸다. 하지만 나는 아빠 몰래 엄마를 끌고 체험 학습장으로 갔다. 내가 엄마와 함께 나타나자 아이들이 배꼽을 잡고 웃었다.

"와하하, 예준이 엄마는 고물 로봇이네."

"기계 덩어리가 네 엄마라고?"

나는 엄마의 손을 꼭 붙잡으며 소리쳤다.

"우리 엄만 고물이 아니라 최첨단 로봇이야!"

바로 그때였다. 선생님이 체험 학습에 온 사람들이 모두 몇 명인지 세어 보겠다고 말씀하셨다. 나는 눈치를 살피다가 손을 번쩍 들었다.

"그런 건 우리 엄마가 잘해요."

나는 엄마한테 숫자를 세어 달라고 했다. 체험 학습에 온 사람들은 3명씩 20줄이었다.

☆ 체험 학습에 온 사람들은 3명씩 20줄로 섰어요. 모두 몇 명일까요?

( 　60　 ) 명

☆ 다음을 곱셈식으로 나타내고, 답을 구해 보세요.

70+70+70+70 　→　 $70 \times 4 = 280$

5명씩 30줄 　→　 $5 \times 30 = 150$

60의 5배 　→　 $60 \times 5 = 300$

☆ 예준이가 지금 읽는 동화책은 모두 210쪽입니다. 예준이는 1일에 책을 30쪽씩 읽었습니다. 예준이가 5일 동안 읽은 책은 모두 몇 쪽일까요? 그리고 앞으로 며칠을 더 읽어야 동화책을 다 읽을 수 있을까요?

• 예준이가 5일 동안 읽은 쪽수 $5 \times 30 = 150$

• 동화책의 쪽수-예준이가 5일 동안 읽은 쪽수 210-150=60. 예준이는 1일 30쪽씩 읽었으므로, 2일이면 60쪽.

( 　150쪽, 2일　 )

개념 잡기

• (몇십)×(몇)을 계산할 때에는 (몇)×(몇)에 0을 한 개 붙여 줍니다.

**나**와 엄마는 공룡 체험관 안으로 들어갔다. 우리는 전시장에 진열된 커다란 공룡 화석이랑 모형들을 구경했다.

엄마는 광학 렌즈 눈동자로 전시장에 있는 모든 것을 찍었다. 그리고 설명되어 있는 문구들을 단숨에 줄줄 외워 버렸다. 나는 어깨를 으쓱하고서 다른 애들에게 자랑했다.

"난 집에 가면 바로 체험 학습 보고서를 쓸 거야. 우리 엄마가 그런 건 엄청 잘해."

"좋겠다."

애들이 부러운 눈으로 날 바라봤다. 그런데 갑자기 엄마의 동작이 느릿느릿해지더니 눈을 깜빡깜빡거리기 시작했다. 전원이 부족해진 것이다. 나는 얼른 엄마의 등 뒤에 붙어 있는 건전지함을 열었다. 그곳에는 13개짜리 빈칸이 2줄 있었다. 그 칸에다가 건전지를 넣어야만 엄마가 다시 움직일 수 있다. 하지만 나는 건전지가 몇 개나 필요한지 알 수가 없었다.

★ 엄마 로봇이 움직이려면 13개짜리 건전지가 2개씩 들어가야 해요. 건전지는 모두 몇 개가 필요할까요? 곱셈식으로 써 보세요.

(          13 × 2 = 26         )

★ 건전지는 모두 몇 개일까요?

(        26       )개

★ 건전지의 수를 구한 방법을 설명해 보세요.

(      13과 2를 자리수에 맞춰서 쓰고, 곱했어요.     )

★ 곱셈식으로 나타낸 것 중에서 서로 맞는 것끼리 연결해 보세요.

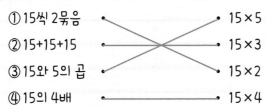

① 15씩 2묶음   •          •  15×5
② 15+15+15   •          •  15×3
③ 15와 5의 곱   •         •  15×2
④ 15의 4배   •          •  15×4

★ 다음 □ 안에 알맞은 수를 각각 써 넣으세요.

$$53 \times 3 \begin{cases} 50 \times 3 = \boxed{150} \\ 3 \times 3 = \boxed{9} \end{cases} \boxed{159}$$

$$22 \times 4 \begin{cases} 20 \times 4 = \boxed{80} \\ 2 \times 4 = \boxed{8} \end{cases} \boxed{88}$$

개념 잡기

$$\begin{array}{r} 13 \\ \times\ 2 \\ \hline 26 \end{array}$$

13×2=26은 10×2와 3×2의 합입니다. 자리수에 맞춰서 쓰면 절대 틀리지 않습니다. 올림이 없는 간단한 곱셈은 머리셈으로 연습하면 계산 능력이 좋아집니다.

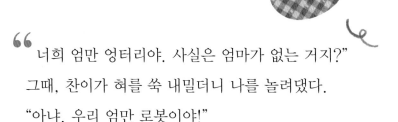

“너희 엄만 엉터리야. 사실은 엄마가 없는 거지?”

그때, 찬이가 혀를 쑥 내밀더니 나를 놀려댔다.

“아냐, 우리 엄만 로봇이야!”

“쳇, 로봇은 사람의 엄마가 될 수 없어.”

나는 화가 나서 찬이를 밀어 버렸다. 그 바람에 찬이가 진열대 위에 있던 공룡 알들을 와르르 무너트리고 말았다. 놀란 사람들이 눈을 휘둥그레 치켜떴다.

“에구머니, 여기 알이 몇 개나 있었던 거지?”

사람들은 흩어진 알을 주워 담으려고 우왕좌왕했다. 바로 그때 로봇 엄마가 나타나 상자 3개에 52개씩 알이 들어 있다고 말했다. 엄마의 메모리는 100기가바이트가 넘으니까 틀림없을 것이다.

“그럼 대체 모두 몇 개인 거지?”

다른 엄마들이 머뭇거릴 때였다. 우리 엄마가 또 앞으로 나서더니 답을 척 말했다.

☆ 공룡의 알은 3개의 상자에 각각 52개씩 들어 있어요. 공룡 알은 모두 몇 개일까요?

52×3=(50× 3 ) + ( 2× 3 )

= 150 + 6 = 156

☆ 로봇 엄마는 예준이를 위해 하루에 17번씩 청소를 합니다. 로봇 엄마가 매일 청소를 한다면 11월 한 달 동안 청소를 모두 몇 번이나 할까요? 풀이 과정을 쓰고, 답을 구해 보세요.

• 11월은 30일까지 있어요. (11월 한 달 동안 하는 청소 횟수는 30회)

=(하루에 하는 청소 횟수)×(날 수)

=17×30=510(번)

따라서 로봇 엄마는 11월 한 달 동안 청소를 모두 510번 합니다.

( 510 )번

개념 잡기

십의 자리의 곱에서 올림이 있을 때에는 올림한 수를 백의 자리에 써야 해요.

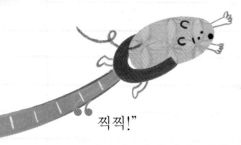
찍찍!"

갑자기 어디선가 생쥐의 울음소리가 들렸다. 체험관을 구경하던 아이들은 놀라서 엄마 뒤에 숨었다. 하지만 엄마들도 놀라긴 마찬가지였는지 소리를 지르며 펄쩍 뛰었다.

생쥐 울음소리를 듣고 놀라지 않은 건 나랑 우리 엄마밖에 없었다. 우리 엄마는 태연하게 고개를 180도 빙 돌리더니 눈을 깜빡거렸다. 생쥐를 발견한 것이다.

엄마는 자동으로 쭉 늘어나는 팔을 이용해서 손을 뻗어 생쥐를 잡았다. 생쥐가 엄마의 집게 손 끝에 대롱대롱 매달렸다. 그 모습을 본 사람들이 우왕좌왕 흩어졌다. 그 바람에 커다란 공룡 뼈가 와르르 무너지고 체험관 안은 엉망이 됐다.

"이걸 어째!"

체험관 관리인들이 달려 나와 발을 동동 굴렀다. 관리인들은 흩어진 공룡 뼈를 16개씩 4개의 상자에 담았다. 그러면서 "뼈가 하나라도 모자라면 어쩌지?" 하며 걱정스럽게 말했다. 바로 그때 우리 엄마가 뼈의 개수를 정확하게 맞추었다.

☆ 공룡 뼈를 16개씩 4개의 상자에 담았어요. 공룡뼈는 모두 몇 개일까요?

· 16 × 4 = 64

(       64       )개

☆ 다음 곱셈에서 □가 나타내는 수는 얼마인가요?

$$\begin{array}{r} 3\ 9 \\ \times\ \boxed{2}\ 3 \\ \hline 1\ 1\ 7 \end{array}$$

(       20       )

☆ 로봇 공장에서는 로봇을 10분 동안 6대씩 만든다고 해요. 7시간 동안 로봇을 만들면 모두 몇 대가 나올까요? 풀이 과정을 쓰고 답을 구해 보세요.

· 7시간은 분으로 나타내면 7 × 60 = 420분

10분에 6대씩 만든다면, 420분 동안은 6 × 42 = 252대를 만들 수 있습니다.

(       252       )대

**개념 잡기**

$$\begin{array}{r} 1\ 6 \\ \times\ ^{2}\ 4 \\ \hline 6\ 4 \end{array}$$

① 일의 자리를 기준으로 자리를 맞춥니다.
② 6×4를 구해 일의 자리에 4를 씁니다.
③ 올림한 숫자 2는 십의 자리 아래에 작게 씁니다.
④ 1×4를 구하고, 올림한 수 2를 더하여 6을 십의 자리에 씁니다.
※ 일의 자리에서 올림한 숫자는 십의 자리의 곱과 더해야 합니다.

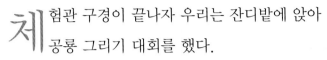

체험관 구경이 끝나자 우리는 잔디밭에 앉아 공룡 그리기 대회를 했다.

아이들은 엄마와 함께 돗자리에 앉아 그림을 그릴 준비를 했다. 그런데 아이들이 그림 그릴 도화지를 들고 오던 선생님이 돌부리에 걸려 넘어지고 말았다.

"에구머니!"

순식간에 도화지가 흩어져 버렸다. 선생님은 흩어진 도화지를 주워 담으며 개수를 세려고 했다. 하지만 도화지의 수가 너무 많아서 한꺼번에 셀 수가 없었다. 선생님이 울상을 지으며 말했다.

"324명의 아이들에게 2장씩 나눠 줄 도화지니까 모두 몇 장이지?"

바로 그때 또 우리 엄마가 앞으로 나서더니 답을 척 말했다.

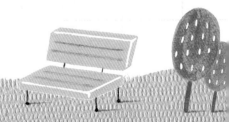

★ 학생 324명에게 도화지를 2장씩 나누어 주려고 해요. 필요한 도화지는 모두
몇 장일까요?

· 324 × 2 = 648

( 648 )장

★ 우주관광선이 하루에 212대 출발합니다. 사흘 동안 출발하는 우주관광선은 모
두 몇 대일까요?

· 사흘은 3일입니다.

따라서 212(하루에 출발하는 우주선 수) × 3 (날 수) = ☐ 대

따라서 사흘 동안 출발하는 우주선은 636 대입니다.

( 636 )대

개념 잡기

$$\begin{array}{r} 1\ 2\ 3 \\ \times\quad 2 \\ \hline 6 \end{array} \rightarrow \begin{array}{r} 1\ 2\ 3 \\ \times\quad 2 \\ \hline 4\ 6 \end{array} \rightarrow \begin{array}{r} 1\ 2\ 3 \\ \times\quad 2 \\ \hline 2\ 4\ 6 \end{array}$$

$$3 \times 2 = 6 \qquad 20 \times 2 = 40 \qquad 100 \times 2 = 200$$

$$\begin{array}{r} 1\ 2\ 3 \\ \times\quad 2 \\ \hline 2\ 4\ 6 \end{array}$$

$$\begin{array}{r} 1\ 2\ 3 \\ \times\quad 2 \\ \hline 6 \quad \leftarrow (3 \times 2) \\ 4\ 0 \quad \leftarrow (20 \times 2) \\ 2\ 0\ 0 \quad \leftarrow (100 \times 2) \\ \hline 2\ 4\ 6 \end{array}$$

① 수의 자리를 맞춥
니다.
② 3×2를 구해 일의
자리에 6을 씁니다.
③ 20×2를 구해 십의
자리에 씁니다.
④ 100×2를 구해 백
의 자리에 씁니다.

갑자기 모래 바람이 쌩 불어왔다. 우리는 눈을 질끈 감았다가 떴다.

바람이 잠잠해지자 희뿌옇게 변했던 주변도 고요해졌다.

"엄마, 이제 가자."

나는 엄마의 손을 잡으며 말했다.

그런데 엄마가 움직이지 않았다.

나는 건전지를 갈아 주었다. 그래도 엄마는 움직이지 않았다. 어딘가 단단히 고장이 난 모양이었다.

나는 울면서 아빠에게 전화를 했다. 그러자 놀란 아빠가 달려와 엄마의 상태를 살펴보았다. 엄마는 작은 모래 알갱이가 몸속으로 들어가는 바람에 고장이 난 것이었다.

"부품을 모두 뜯어서 청소해야만 해."

"부품이 모두 몇 갠데요?"

"머리, 몸통, 다리 3군데에 부품이 276개씩 들었지."

나는 엄마의 몸속에 있는 부품이 모두 몇 개인지 계산하기가 어려웠다.

★ 엄마 로봇에 사용된 부품은 머리, 몸통, 다리 3곳에 각 276개씩 들어 있어요.
부품은 모두 몇 개일까요?

(        828       )개

★ 로봇 엄마는 예준이를 위해 하루에
634번 예준이의 건강을 검사합니다.
로봇 엄마가 나흘 동안 예준이를 검사
한 것은 모두 몇 번일까요? 빈칸 안에
각각 알맞은 수를 써 넣으세요.

$$
\begin{array}{r}
6\ 3\ 4 \\
\times \qquad 4 \\
\hline
\boxed{1\ 6} \leftarrow 4 \times \boxed{4} \\
\boxed{1\ 2\ 0} \leftarrow \boxed{30} \times 4 \\
\boxed{2\ 4\ 0\ 0} \leftarrow 600 \times \boxed{4} \\
\hline
\boxed{2\ 5\ 3\ 6}
\end{array}
$$

★ 예준이는 새로 산 비타민 통을 열어 1년 동안 날마다 3알씩 먹었습니다. 비타
민 통을 보니까 15알이 남아 있었습니다. 원래 비타민 통에는 비타민제가 몇
알 들어 있었을까요?

· 1년=365일. 3×365=1095      1095+15=1110

(        1110       )알

**개념 잡기**

$$
\begin{array}{r}
4\ 4\ 8 \\
\times \quad 3\ 4 \\
\hline
2
\end{array}
\rightarrow
\begin{array}{r}
4\ 4\ 8 \\
\times \quad 1\ 3\ 4 \\
\hline
9\ 2
\end{array}
\rightarrow
\begin{array}{r}
4\ 4\ 8 \\
\times \quad 1\ 3\ 4 \\
\hline
1\ 7\ 9\ 2
\end{array}
$$

8×4=32     40×4=160     400×4=1600

448×4=(400×4)+(40×4)+(8×4)=1600+160+32=1792

올림이 있는 곱셈은 올림한 수를 바로 윗자리 수의 곱에 더해 주면
됩니다.

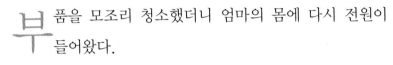

부품을 모조리 청소했더니 엄마의 몸에 다시 전원이 들어왔다.

엄마는 예전보다 더 빠르고 민첩하게 움직였다. 광학렌즈로 더 먼 곳까지 볼 수도 있었다.

나는 몰라보게 깨끗해진 엄마를 꼭 끌어안았다.

"엄마, 정말 다행이야."

그런데 재조립을 하면서 문제가 하나 생겼다. 바로 엄마가 기름을 지나치게 많이 먹게 됐다는 것이었다.

엄마는 기름이 12병씩 들어 있는 상자를 40개나 연달아 비웠다. 그러고도 배가 고픈지 끄억 소리를 냈다.

"엄마, 아직도 배가 고파?"

"띠리띠리, 배가 고프다."

나는 엄마를 심각한 표정으로 바라보았다.

'엄마는 대체 기름을 얼마나 드신 걸까?'

✿ 기름 1상자에는 기름이 12병씩 들어 있어요. 기름 40상자에는 기름이 몇 병이 들어 있을까요?

(          480          )병

✿ □ 안에 알맞은 수를 각각 써 넣으세요.

$$15 \times 30 = \boxed{15} \times 3 \times 10$$
$$= \boxed{45} \times 10$$
$$= \boxed{450}$$

✿ 예준이는 수학 문제를 풀다가 잘못 풀어서 어떤 수에 30을 곱해야 할 것을 잘못하여 덧셈을 했습니다. 그러자 128이 나왔습니다. 로봇 엄마는 바르게 계산하는 법을 가르쳐 주었습니다. 바르게 계산하면 얼마가 될까요?

• □+30=128. 따라서 □ 는 98입니다.

98×30=2940

(          2940          )

개념 잡기

$$12 \times 40 = 480$$
$$12 \times 4 = 48$$

|   | 1 | 2 |
|---|---|---|
| × | 4 | 0 |
| 4 | 8 | 0 |

(두 자리 수)×(몇십)을 계산하고 곱의 뒤에 0을 1개 더 붙여 줘요.

엄마랑 함께 집으로 돌아온 나는 뾰로통한 얼굴로 소파에 기대어 앉았다. 체험 학습장에서 만난 다른 엄마들의 모습이 자꾸 떠올랐다. '우리 엄마는 왜 딱딱한 기계 팔을 가진 로봇일까?' 하고 생각하니 마음이 서러워졌다. 괜히 엄마가 밉기도 했다.

"띠리띠리, 숙제."

엄마가 숙제를 하라며 체험 학습 사진과 데이터를 보여 주었다. 하지만 나는 일부러 싫다고 소리쳤다. 엄마가 나를 졸졸 따라왔다.

"저리 가, 엄만 싫어! 난 기계 엄마 말고 진짜 엄마가 갖고 싶어!"

내가 버럭 소리를 지르자 엄마가 멈춘 채로 나를 물끄러미 바라보았다. 그럴 리 없겠지만, 마치 엄마의 광학렌즈 카메라 눈동자에 눈물이 맺힌 것만 같았다. 나는 방으로 들어가 문을 쾅 닫고서 나오지 않았다.

이튿날의 일이었다. 알람이 울리는데도 엄마가 나를 깨우지 않았다. 나는 고개를 갸웃하며 엄마를 흔들어 보았다. 엄마는 꼼짝도 하지 않았다. 나는 아빠에게 달려가 어떻게 된 거냐고 물었다.

아빠는 로봇 엄마를 요리조리 살펴보더니 아무래도 고장이 난 것 같다고 했다. 아빠는 엄마를 고치려면 22종류의 부품을 각 59개씩 구해야 한다며 아무래도 힘들 것 같다고 했다.

"내가 구해 올게. 모두 몇 개의 부품을 구하면 되는 거야?"

엄마싫어

☆ 엄마 로봇을 수리하려면 22종류의 부품이 각 59개씩 필요해요. 필요한 부품의
개수는 모두 몇 개일까요?

　　・ 22×59=1298

　　　　　　　　　　　　　　　　　　( 　　　　1298　　　　 )개

☆ 예준이는 로봇 공장을 찾아갔어요. 남자 로봇이 22명씩 20줄로 있고, 여자 로봇
이 32명씩 15줄로 있었어요. 공장에 있는 로봇은 모두 몇 대일까요? 풀이 과정을
쓰고 답을 구하세요.

　　・ (22×20)+(32×15)=920

　　　　　　　　　　　　　　　　　　( 　　　　920　　　　 )대

개념 잡기

$$\begin{array}{r} 1\ 3 \\ \times\ 2\ 4 \\ \hline 5\ 2 \\ 2\ 6\ 0 \\ \hline 3\ 1\ 2 \end{array}$$

(두 자리 수)×(두 자리 수)를 할 때에는 (두 자리
수)×(일의 자리 수)와 (두 자리 수)×(몇십)을 각각
따로 계산하고, 그 결과를 더해요. 만약 올림이 있
을 때는 올림한 수를 윗자리의 곱에 더해요.

아빠와 나는 밤을 새워 연구실과 로봇 공장을 뒤졌다. 결국 필요한 모든 부품을 구해 왔다. 아빠는 엄마의 회로를 열어 끊긴 부분을 다시 연결시켰고, 구해 온 부품을 새로 갈아 끼웠다.

수리가 끝난 엄마의 전원을 켰더니 한참 만에 불이 들어왔다.

"그런데 이상하다. 왜 이 부분이 녹슬었던 걸까?"

아빠는 고개를 갸웃했다. 엄마의 광학렌즈 카메라가 달린 눈이 녹슬어 있었던 것이다. 아빠는 엄마 로봇이 눈물을 흘리기라도 한 것 같다며 이상해했다.

나는 어젯밤에 나를 물끄러미 바라보던 엄마의 얼굴이 떠올라 얼굴이 화끈거렸다. 엄마가 띠리띠리 하고 움직이기 시작하자 난 엄마를 와락 끌어안았다. 엄마에게 정말 미안했다.

"엄마, 미안해."

"띠리띠리, 괜찮아."

엄마가 나를 꽉 안아 주었다. 엄마의 몸은 쇳덩어리였지만, 정말 따뜻하고 포근했다. 나는 엄마를 힘껏 끌어안으며 말했다.

"로봇이어도 괜찮아. 그래도 날 가장 사랑해 주는 엄마니까!"

20×3을 계산할 때는, 일의 자리 숫자인 0은 그대로 일의 자리에 씁니다.

$$\begin{array}{r} 20 \\ \times\quad 3 \\ \hline 60 \end{array}$$

23×3을 계산할 때는, 3×3인 9를 일의 자리에 쓰고, 20×3=60의 6을 십의 자리에 씁니다.

$$\begin{array}{r} 23 \\ \times\quad 3 \\ \hline 69 \end{array}$$

$$\begin{array}{r} 15 \\ \times\quad \boxed{2}\,5 \\ \hline 75 \end{array}$$

15×5를 계산할 때는, 25의 일의 자리인 5를 일의 자리에 쓰고, 20과 50을 더한 70의 7을 십의 자리에 써 줍니다.

123×2를 계산할 때는, 일의 자리, 십의 자리, 백의 자리 순서로 차례대로 곱하면 됩니다. 즉, 246이 됩니다.

$$\begin{array}{r} 123 \\ \times\quad 2 \\ \hline 246 \end{array}$$

$$\begin{array}{r} 236 \\ \times\quad \boxed{1}\,2 \\ \hline 472 \end{array}$$

236×2를 계산할 때는, 일의 자리부터 차례로 계산하고 올림한 수는 바로 윗자리 수의 곱의 결과에 더해서 계산합니다.

23×20을 계산할 때는, 23×2를 계산한 다음, 일의 자리에 0을 1개 더 붙입니다.

$$\begin{array}{r} 23 \\ \times\quad 20 \\ \hline 460 \end{array}$$

첫째, 구구단을 빠르고 정확하게 암기하고 있는지 확인해 보세요. 곱셈 계산을 할 때, 구구단을 빠르게 외우면 계산을 하는 데 도움이 됩니다. 참, 정확해야 한다는 점도 기억하세요.

둘째, 받아올림이 없는 곱셈에서 받아올림이 있는 곱셈으로 연습을 합니다. 처음 곱셈을 공부할 때는 받아올림이 없는 문제가 쉽기 때문입니다. 차근차근 문제를 해결해 나가세요.

셋째, $12 \times 5$, $123 \times 5$의 형태로 숫자를 늘려가면서 계산하세요. 이때는 수의 자리도 생각하면서 문제를 해결하세요.

넷째, 곱셈은 연습 없이는 실력이 늘기 어렵습니다. 하루에 10~20문제를 꾸준히 풀고, 틀린 문제는 꼭 다시 풀어 보세요.

다섯째, 친구나 가족과 함께 곱셈 문제를 만들고 푸는 놀이를 해 보세요. 처음에는 정확하게 풀어 보고 나중에는 정확하고 빠르게 풀어 보세요. 어느새 곱셈 실력이 크게 좋아질 거예요.

## 개념 문제로 사고력을 키워요

 **개념문제** 다음을 곱셈식으로 나타내고 답을 구하세요.

- 30씩 4 : ☐ × ☐ = ☐

- 20+20+20+20+20+20

  : ☐ × ☐ = ☐

- 80씩 6번 더한 값

  : ☐ × ☐ = ☐

**어떻게 풀까요?**

30씩 4번을 곱하면 30×4=120, 20씩 6번 더하면 20×6=120, 80씩 6번 더하면 80×6=480입니다.

**01** 계산 값이 같은 것끼리 선으로 연결하세요.

42×2 •          • 88

22×4 •          • 96

32×3 •          • 84

24×2 •          • 48

**02** 다음을 곱셈식으로 나타내세요.

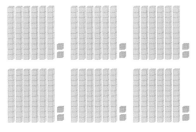

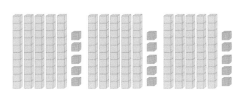

62× ☐ = ☐

☐ × ☐ = ☐

```
    2 □ 4            □ 3 4            3 1 □
  ×     2          ×     □          ×     □
  ─────────        ─────────        ─────────
    4 6 8            2 6 8            9 3 3
```

어떻게 풀까요?

234×2=468 , 134×2=268 , 311×3=933입니다.

01 다음의 빈칸을 채우면서 곱셈식을 완성하세요.

· 문제 : 정민이는 하루에 줄넘기를 345개씩 넘었습니다.

　　5일 동안 넘은 줄넘기의 횟수는 몇 번일까요?

· 풀이 : 345×5 = (300 + □ +5)×5

　　　　　　 = (300× □ )+( □ ×5)+(5×5)

　　　　　　 = 1500 + 200 + □

　　　　　　 = □

02 다음 사탕 봉지의 사탕 개수를 구하세요.

□ × □ = □　　　　　　□ × □ = □

01 예준이가 엄마 로봇에게 감사의 편지를 보내려고 합니다.
빈칸을 채우면서 편지를 완성하세요.

사랑하는 로봇 엄마에게

엄마, 저 예준이에요. 항상 저를 돌봐 주시고, 공부도 살펴 주셔서 감사 해요. 저는 엄마가 눈물을 흘려서 정말 슬펐어요. 다시는 울지 않게 말씀도 잘 듣고 예의 바르게 행동할게요.

엄마가 혼자 있을 때 전원이 부족하지 않도록 선물을 준비했어요.

전원이 부족할 것 같으면 주변사람에게 건전지를 넣어 달라고 꼭 말씀하세요.

상자를 열어 보세요. 상자에는 13개짜리 건전지 16개를 넣어 두었어요. 총 ☐ 개예요. 그리고, 오늘 아빠가 엄마의 부품을 새로 바꿔 주시면서 멋진 새 옷도 준비했어요. 예쁜 원피스 모양인데, 어깨 부분에는 구슬이 각각 27개씩 2군데 붙어 있어요. 구슬이 총 ☐ 개 달려 있지요. 제가 어젯밤에 한 개씩 붙였어요.

마지막으로 꽃집에 들러서 제가 좋아하는 12가지 종류의 꽃을 각각 5송이씩 샀어요. 총 ☐ 송이예요. 엄마를 닮아 참 예뻐요. 항상 저와 함께해 주셔서 감사해요.

예준 올림

**02** 예준이는 아빠와 동생 로봇을 만들려고 합니다.
설계도를 보고 필요한 부품을 준비하세요.

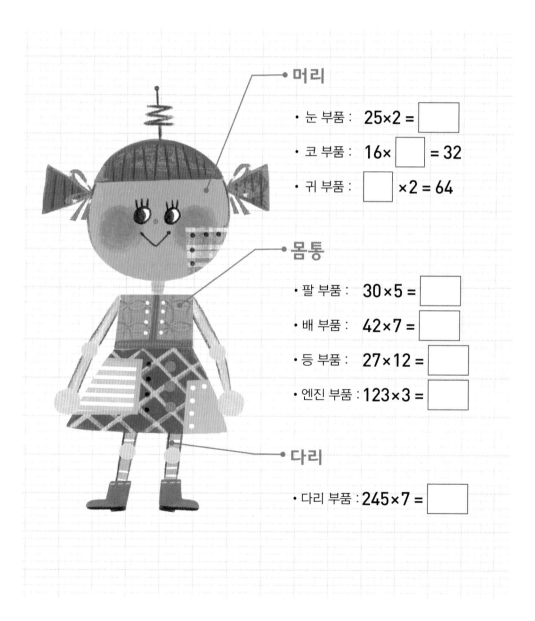

**머리**

· 눈 부품 : $25 \times 2 = $ ☐

· 코 부품 : $16 \times$ ☐ $= 32$

· 귀 부품 : ☐ $\times 2 = 64$

**몸통**

· 팔 부품 : $30 \times 5 = $ ☐

· 배 부품 : $42 \times 7 = $ ☐

· 등 부품 : $27 \times 12 = $ ☐

· 엔진 부품 : $123 \times 3 = $ ☐

**다리**

· 다리 부품 : $245 \times 7 = $ ☐

# 3 연산

나눗셈

# 해골섬의 보물 탐험대

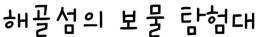

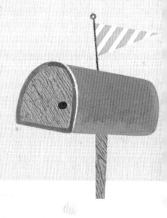

"우린 망했어. 이대로 가면 우리 집을 팔아야 할지도 몰라."

　저녁 식사 시간에 아빠가 아주 심각한 목소리로 말했다. 우리는 긴장이 되어서 밥도 제대로 먹을 수가 없었다. 아빠랑 엄마는 어떻게든 집만큼은 팔지 않도록 해 보겠다며 읍내에 돈을 꾸러 나갔다. 그런데 하필 그날 애꾸눈 남자가 우리 집을 찾아왔다.

　나는 누군가 문을 두드리는 소리에 밖을 내다보았다. 이상하게 생긴 지팡이를 꼭 움켜쥐고, 애꾸눈 안대를 한 남자가 우리 집 앞에 떡하니 서 있는 게 보였다. 나와 쌍둥이 동생 폴리 그리고 허드렛일을 거들어 주는 아이 벤은 숨을 죽인 채로 창문 사이로 애꾸눈 사내를 훔쳐보았다. 그런데 하필 애꾸눈 사내가 집 주변을 두리번거리다가 창가 쪽을 올려다보았다!

나는 사내와 눈을 마주치고 말았다. 사내는 고갯짓을 하더니 나를 향해 씩 웃었다. 이쪽으로 내려오라는 뜻 같았다. 나는 망설이다가 아래로 내려가 문을 열어 주었다. 그러자 사내는 집 안으로 성큼 들어오더니 허락도 받지 않고 소파에 털썩 앉았다.

"어머니랑 아버지는 언제 오시니?"

나는 모르겠다며 고개를 가로저었다. 애꾸눈 사내는 내게 술을 갖다 달라고 했다. 나는 망설이다가 부엌에서 술을 꺼내 왔다. 그러자 애꾸눈 사내는 술을 마시더니 드르렁 드르렁 코를 골며 자기 시작했다. 그때였다. 사내의 주머니에 꽂혀 있던 지도가 바닥으로 털썩 떨어졌다. 나는 그 지도를 주워 들고서 한참을 바라보았다. 지도에는 이런 말이 쓰여 있었다.

' 망원경 산의 등성이에 있는 큰 나무.
해골섬 동남동에서 약간 동쪽으로 열 걸음.
그곳에 해적들의 보물 18개가 있음. '

나는 냉큼 지도를 들고 방으로 쫓아 들어갔다. 방에서 숨죽이고 있던 쌍둥이 동생 폴리와 벤이 군침을 다셨다.

"이게 뭐야?"

"보물 지도 같은데!"

벤과 폴리는 보물을 찾아 떠나자고 말했다. 나는 말도 안 되는 소리라며 헛웃음을 쳤지만, 아이들은 진지했다. 아이들은 18개의 보물을 찾아 똑같이 나누어 갖자고 말했다.

"18개의 보물을 세 명이 똑같이 나눌 수 있는 거야?"

"그럴걸?"

"누가 더 많이 가져야 한다거나, 적게 가져야 한다거나 그런 건 없고?"

"아마 그럴 거야."

나와 폴리 그리고 벤은 지도를 내려다보며 중얼거렸다.

✪ 18개의 보물을 3명이 똑같이 나누려고 해요. 다음은 18÷3=6을 나타낸 그림입니다. 몫 6이 나타내는 것은 무엇일까요?

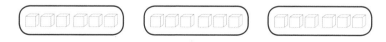

✪ 18을 3명이 똑같이 나누면 1명에 6개씩이라는 뜻일때, 6개씩이라는 것은 '개수'를 나타냅니다.

✪ 18에서 3씩 6번 묶어 덜어내면 0이 된다는 뜻일때, 6번 덜어낸다는 것은 '횟수'를 나타냅니다.

**개념 잡기**

• 나눗셈식의 의미에는 크게 두 가지가 있어요.
1. 똑같이 묶어 덜어 내는 나눗셈식

   18÷3=6에서 몫 6이 나타내는 것을 알아보세요.

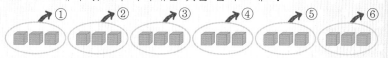

   이것은 18에서 3씩 6번 묶어 덜어낼 수 있다는 '횟수'를 나타내지요.
2. 똑같게 나누는 나눗셈식

   18÷3=6에서 몫 6이 나타내는 것을 알아보시오.

   이것은 18을 3곳으로 똑같게 나누면 한 곳에 6개씩이라는 '개수'를 나타내지요. 즉, 같은 나눗셈식이라도 상황이 다를 때에는 몫을 나타내는 뜻이 다르지요.

"자, 모두 떠나기로 한 거야!"

"우린 이제부터 무조건 한 편이야."

우리는 보물 지도에 표시된 해골섬을 찾아 떠나기로 했다. 시간이 없었다. 애꾸눈 아저씨가 잠에서 깨 지도를 찾는다면 말짱 헛일이 되고 말 것이었다.

우리는 바쁘게 준비를 했다. 벤은 담요를 챙겼고, 폴리는 물과 성냥, 전등을 챙겼다. 나는 부엌으로 가서 먹을 걸 챙기기로 했다. 하지만 아쉽게도 부엌에 먹을 거라곤 삶은 달걀이 전부였다. 나는 망설이다가 달걀을 배낭 속에 털어 넣었다. 달걀은 모두 5개씩 3묶음이 있었다.

· 배낭 속에는 달걀 15개가 있었어요.

⭐ 5개씩 묶어 보세요. 그리고 곱셈식으로 나타내 보세요.

(        5 × 3 = 15        )

⭐ 달걀 15개를 5개씩 똑같이 묶어 덜어내 보세요. 나눗셈으로 나타내 보세요.

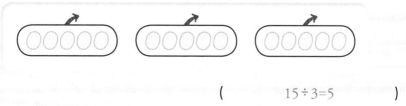

(        15 ÷ 3 = 5        )

⭐ 달걀 15개를 3명에게 똑같이 나누면 1명이 5개씩 갖게 돼요. 나눗셈으로 나타내 보세요.

(        15 ÷ 3 = 5        )

⭐ 다음 곱셈식을 보고, 나눗셈식 2개를 써 보세요.

5 × 3 = 15    ↔ (      15 ÷ 3      )

                ↔ (      15 ÷ 5      )

우 리는 아빠의 고무 보트를 타고 바다로 향했다. 내가 선장이 되어 방향을 결정하고 폴리와 벤이 노를 젓기로 했다.

"동쪽으로 노를 저어!"

"그쪽에 가면 정말 해골섬이 있는 거야?"

"나만 믿어."

언젠가 아빠와 함께 낚시를 갔다가 해골 모양의 섬을 본 적이 있었다. 나는 그 섬이 지도에 표시된 섬이 틀림없을 거라고 생각했다. 한참 노를 저어 가다 보니 섬 하나가 나타났다. 지도와 비교해 보니 섬 한가운데 뾰족한 바위산이 솟아 있는 것이 똑같았다. 우리는 만세를 부르며 섬으로 뛰어갔다.

우리는 지도에 표시된 곳을 찾으려고 애썼다. 하지만 지도에 쓰인 글이 가리키는 동남농이 어디인지, 망원경 산이 어디 있는 것인지를 알 수가 없었다. 배가 고파진 우리는 일단 탐험을 멈추기로 했다. 바로 그때였다. 강아지 한 마리가 우리를 향해 멍멍 짖었다. 보아하니 주인 없이 혼자 살아온 개 같았다. 우리는 야자수 열매 8개를 따서 강아지와 함께 넷이 나눠 먹기로 했다.

"그런데 8개의 열매를 똑같이 나누려면 어떻게 해야 하지?"

벤이 머리를 긁적이며 물었다.

⭐ 8개의 열매를 넷이 나눠 먹기로 했어요. 4가지 방법으로 나눗셈식 8÷4의 몫을 구해 보세요.

① 8개를 4곳으로 똑같게 나누면 한 곳에 2개씩이므로 몫이 2예요. 다음 그림으로 구해 보세요.

② 8에서 0이 될 때까지 4를 빼요. 2번 빼면 0이 되므로 몫이 2예요. 뺄셈식으로 써 보세요. (        8-4-4=0        )

③ 8개에서 4개씩 2번 묶어 덜어낼 수 있으므로 몫이 2예요. 다음 그림으로 구해 보세요.

④ 곱셈과 나눗셈의 관계로 몫을 구해 보세요.
   (        8÷4=□  ↔  4×□=8        )

⭐ 위의 4가지 방법 중에서 어떤 방법으로 계산하는 게 가장 편리한가요?
   (        곱셈과 나눗셈의 관계        )

개념 잡기

• 나눗셈의 몫을 구하는 방법에는 여러 가지가 있어요.
  하지만 곱셈과 나눗셈의 관계를 이용하는 것이 가장 쉬워요.

야자수와 달걀로 배를 채운 우리는 다시 섬을 탐험하기 시작했다. 한참 헤매고 다니는데 강아지가 꼬리를 흔들며 달려가는 것이 아닌가. 우리는 강아지를 뒤쫓아 가 보았다. 그러자 동굴 하나가 나타났다.

"여기 누가 사는 걸까?"

우리는 동굴 안을 기웃거리며 말했다. 하지만 누구도 동굴 안으로 선뜻 들어가지 못했다. 마치 괴물이라도 나올 것처럼 어둡고 음침해 보였던 것이다. 우리가 망설이는데 강아지가 안으로 불쑥 들어가더니 말린 오징어 6개가 들어 있는 봉지를 들고 나왔다. 냄새를 맡아 보니 아직 먹을 만한 것이었다.

"이건 어디서 났어?"

우리가 묻자 강아지가 동굴 안쪽을 향해 멍 하고 짖었다. 우리는 조심스럽게 동굴 안으로 들어가 보았다. 그곳에는 말린 오징어가 한 봉지에 6마리씩, 모두 42마리가 놓여 있었다.

· 한 봉지에 6마리씩 들어 있는 오징어를 세어 보니 모두 42마리였어요.

⭐ 곱셈식으로 나타내 보세요.

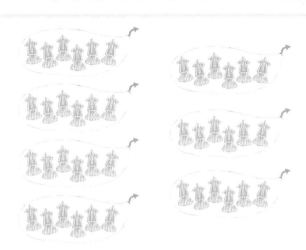

(         6 × □ = 42         )

⭐ 나눗셈식으로 나타내 보세요.

(         42 ÷ 6 = □         )

⭐ 봉지는 모두 몇 봉지인가요?

(             7             )

우리는 오징어를 질겅질겅 씹으며 '이건 누가 놓아둔 걸까?' 하고 고민했다. 전등불을 비춰 보니 동굴 안에는 사람이 살았던 흔적이 역력했다. 불을 피운 듯한 흔적도 보였고, 음식을 먹다 만 그릇도 보였다. 한쪽에는 이불도 놓여 있었다. 하지만 그 흔적은 아주 오래 전의 것 같았다. 그릇 속의 음식물은 말라비틀어져 있었고, 동굴 곳곳에는 거미줄이 쳐져 있었던 것이다.

"예전에 누가 여기에서 살았던 것 같아."

우리가 소곤거릴 때였다. 벤이 무언가를 찾은 듯 외쳤다.

"야, 여기 좀 봐!"

벤이 찾은 건 지폐 뭉치였다. 벤은 자기가 찾은 돈이니 자기 것이라고 우겼다. 우리는 사이좋게 나눠 갖자고 했지만 벤은 그럴 수 없다며 딱 잘라 말했다.

"대신 지폐 80장을 너희에게 줄게. 둘이서 똑같이 나누어 갖도록 해."

우리는 서운했지만 어쩔 수 없었다.

· 지폐 80장을 2명이 똑같이 나누어 가지려고 해요.

⭐ 곱셈과 나눗셈 중에서 어떤 것을 사용해야 할까요?

(　　　　나눗셈　　　　)

⭐ 식으로 나타내면 어떻게 될까요?

(　　　　$80 \div 2$　　　　)

⭐ 한 사람이 몇 장씩 가지면 될까요?

(　　　　40　　　　)

⭐ 나누는 수가 같을 때, 나뉘지는 수가 10배가 되면 몫은 몇 배가 될까요?

(　　　　10　　　　)

개념 잡기

· 나누는 수가 같을 때, 나눠지는 수가 10배가 되면 몫도 10배가 됩니다.

$$6 \div 2 = 3 \Rightarrow 60 \div 2 = 30$$

10배

10배

동굴 밖으로 나온 우리는 보물 지도에 표시된 장소를 찾아 헤매기 시작했다. 하지만 아무리 다녀도 보물 지도에 표시된 것과 똑같은 지형을 찾을 수가 없었다. 우린 지칠 수밖에 없었다. 우리 뒤를 졸졸 따라다니던 강아지도 지친 듯 혀를 쑥 내밀고서 헥헥거렸다.

"뭐라도 좀 먹을까?"

"뭘 먹어?"

우리는 주위를 둘러보다가 망고 열매를 발견하게 됐다. 나무타기 선수인 벤이 나무 위로 올라가 열매를 따고, 나와 폴리가 열매를 주워 담기로 했다. 벤이 망고를 바닥으로 툭 던지면 우리는 얼른 그것을 주웠다. 그렇게 해서 모은 열매는 모두 69개였다.

"이번엔 모두 같이 노력했으니까 열매를 똑같이 나누도록 하자."

내 말에 폴리와 벤이 좋다며 고개를 끄덕였다.

· 열매 69개를 3자루에 똑같게 나누어 담으려고 해요.

⭐ 곱셈과 나눗셈 중에서 어떤 것을 사용해야 할까요?

(            나눗셈            )

⭐ 식으로 나타내면 어떻게 될까요?

(            $69 \div 3$            )

⭐ 한 자루에 열매를 몇 개씩 담아야 할까요?

(            23            )

⭐ $69 \div 3$을 계산하는 방법은 2가지예요. 똑같이 묶어 덜어내는 나눗셈식으로
나타내려면, 몇 번을 빼야 하나요?

· 69-3-3-3-3……-3=0

(            23번            )

⭐ 69개를 3곳으로 똑같게 나누는 식으로 나타내 보세요.

(            $69 \div 3 = 23$            )

어느새 밤이 깊었다. 우리는 모닥불을 피우고 잠을 자기로 했다. 나뭇잎을 따다가 자리를 만들고, 그 위에 벌렁 드러누워 담요를 덮었다. 그러자 제법 푹신한 잠자리가 완성됐다. 우리는 누운 채로 별이 반짝이는 밤하늘을 바라보았다. 반짝이는 별들 사이로 엄마랑 아빠의 얼굴이 아른거리는 듯 했다.

"폴리, 넌 보물을 찾으면 어떻게 할 거야?"

"난 엄마한테 줄 거야. 넌?"

"난 아빠한테 줘야 하나? 벤, 넌 어쩔 거야?"

벤은 망설이다가 할머니에게 보물을 다 주겠다고 했다.

"에이, 그러면 보물을 찾을 필요가 없잖아. 원래 보물은 자기가 다 차지해야 하는 거야."

내가 말하자 벤과 폴리는 일리 있는 말이라며 고개를 끄덕였다. 하지만 엄마랑 아빠 그리고 할머니에게 보물을 나눠 주어야만 할 것 같았다. 그래서 우리는 보물을 찾으면 공평하게 6사람이 나눠 갖자고 약속했다.

이튿날, 우리는 섬을 헤매다가 보물 상자를 발견했다. 그 속에는 98개의 금화가 들어 있었다.

☆ 금화 98개를 6개씩 주머니에 담으려고 해요. 금화는 몇 개의 주머니에 담을 수 있을까요? 세로 형식으로 계산해 보세요.

```
    1 6
6 ) 9 8
    6
    3 8
    3 6
      2
```

☆ 몇 개가 남을까요?

(       2       )개

개념 잡기

```
    1
2 ) 3 5
    2
    1 5
```
┈┈▶ 십의 자리에서
내림한 수입니다.

```
    1 7
2 ) 3 5
    2
    1 5
    1 4
      1
```

• 내림이 있고, 나머지가 있는 (몇십몇)÷(몇)을 계산할 때는
십의 자리, 일의 자리 순서로 계산을 해요.
십의 자리를 계산하고 남은 수는 내림하여
일의 자리와 함께 계산하고, 나머지를 써요.

"이게 보물의 전부일까?"

"아닐 거야. 해적의 보물이라면 틀림없이 더 대단할 거야!"

나와 폴리, 그리고 벤은 더 신기한 보물이 있을 것 같다는 생각이 들었다. 겨우 금화 따위가 보물의 전부일 것 같지 않았던 것이다. 우리는 보물찾기를 멈추지 않고 계속해 보기로 했다. 우리가 해골섬 구석구석을 찾아다닐 때였다. 갑자기 강아지가 꼬리를 세차게 흔들며 "멍!" 하고 짖어댔다. 무언가를 찾은 것 같았다.

"뭘 찾은 거야?"

우리는 강아지가 짖어대는 쪽으로 가 보았다. 그쪽에는 커다란 상자 하나가 놓여 있었다. 상자를 열어 보니 그 속에는 황금으로 된 사과가 19개 들어 있었다.

"와!"

"이번 보물은 강아지가 찾은 거니까 우리 넷이 공평하게 나누어야 해."

우리는 19개의 황금 사과를 넷이 공평히 나누기로 했다. 하지만 19개의 황금 사과를 넷으로 나누니 몇 개가 더 남았다.

☆ 상자 안에 황금사과가 19개 있어요. 네 사람이 나누면 몇 개가 남을까요?

- 황금사과 19개를 4개씩 묶으면 4묶음이 되고 3개가 남아요. 19÷4=4…3

곱셈으로 검산을 하면, 4×4+3=19 즉 황금사과 4개씩 4묶음과 3개는 모두 19개예요.

(     3     )개

☆ 다음 그림이 19÷4 = 4…3을 나타내도록 그려 보세요.

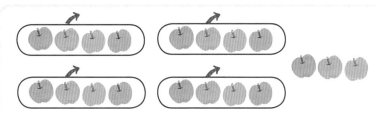

☆ 이것이 맞는지 곱셈으로 검산해 보세요.

(     4×4+3=19     )

개념 잡기

- 나머지가 있는 나눗셈을 검산하는 방법
  (나누는 수)×(몫)+(나머지)=(나눠지는 수)

- 나머지가 없는 나눗셈을 검산할 때는
  나머지를 더할 필요가 없어요.
  (나누는 수)×(몫)=(나눠지는 수)

우리는 나머지 세 개의 황금 사과를 어떻게 하면 좋을지 고민하다가 그것을 가난한 이웃들에게 나누어 주기로 했다. 우리는 보물을 모두 가방에 챙겨 넣고 보트가 있는 곳으로 되돌아갔다. 그리고 다시 노를 저어 집으로 향했다.

배가 무거워서 기우뚱거릴 정도였지만 우리는 올 때보다 더 빠른 속도로 노를 저었다. 보물을 보고 기뻐할 엄마랑 아빠, 할머니를 생각하니 저절로 힘이 났던 것이다.

"이제 우리 집을 팔지 않아도 되겠지?"

"당연하지! 우린 이제 부자야!"

저 멀리 집이 보였다. 우리는 신이 나서 더 힘차게 노를 저었다.

두 사람이 물건을 똑같이 나누어 가질 때, 사탕 100개를 20개의 봉지에 똑같이 나누어 포장할 때 등, 나눗셈은 우리 생활에서 이미 많이 사용되고 있는 개념이지요.

나눗셈에는 크게 두 가지 종류가 있어요. 첫째, 똑같이 묶어 덜어내는 나눗셈이에요.

그림처럼 8개의 사과를 2개씩 묶어서 덜어내는 상황에서 사용할 수 있답니다. 이때 나눗셈식은 8÷2라고 쓸 수 있어요. 그리고 이러한 나눗셈에서는 덜어내는 횟수가 몫이지요. 이러한 나눗셈은 뺄셈식으로도 나타낼 수 있어요. 8개의 사과를 2개씩 묶어 4번 덜어내므로 8-2-2-2-2=0이라고 할 수 있지요. 이럴 때는 나누어지는 수를 나누는 수로 0이 될 때까지 빼는 횟수가 몫이 될 수 있답니다.

둘째, 똑같게 나누어 주는 나눗셈이 있을 수 있지요. 즉, 어떠한 물건들은 몇 개의 그릇으로 똑같이 나누어 줄 때 쓰이는 나눗셈이에요.

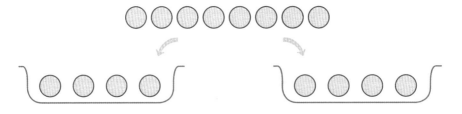

그림처럼 8개의 사과가 2개의 그릇에 담길 때도 나눗셈을 사용할 수 있답니다. 이때에도 나눗셈식은 8÷2라고 쓸 수 있어요. 이러한 상황에서는 한 그릇에 담겨져 있는 물건의 개수가 몫이 될 수 있답니다.

'나눗셈'은 말 그대로 어떠한 물건들을 나누려고 할 때 쓰이는 계산이에요. 이러한 나눗셈은 곱셈과 큰 연관이 있답니다. 예를 들어 볼까요?

$12 \div 3 = 4$는 곱셈과 어떤 관계가 있을까요? $3 \times 4 = 12$ 또는 $4 \times 3 = 12$와 관련이 있지요. 그렇다면 $4 \times 5 = 20$은 나눗셈과 어떠한 관계가 있을까요? $20 \div 4 = 5$ 또는 $20 \div 5 = 4$와 관련이 있답니다. 규칙을 눈치 챘나요?

나눗셈과 곱셈의 관계는 덧셈과 뺄셈의 관계와 비슷해요.

나눗셈의 몫을 구하는 방법에는 여러 가지가 있지요. 직접 덜어 내기, 나누어지는 수를 나누는 수로 0이 될 때까지 빼기, 똑같게 나누기, 곱셈을 이용하기와 같이 크게 4가지 방법이 있어요. 이 중에서 '곱셈을 이용하기'를 이용한다면 쉽게 나눗셈의 몫을 구할수 있어요.

예를 들어 $72 \div 8$을 계산할 때는 구구단 몇 단을 이용하면 좋을까요? 맞아요. 나누는수인 8단을 이용하면 쉽게 몫을 구할 수 있어요. $8 \times 9 = 72$이기 때문에 $72 \div 8$의 몫은 9가 된답니다.

$$72 \div 8 = \boxed{\phantom{0}} \rightarrow 8 \times \boxed{\phantom{0}} = 72$$

나눗셈이 올바르게 되었는지 검산을 할 때도 마찬가지랍니다. 나누는 수와 몫을 곱해봐서 원래의 나누어지는 수가 나온다면 식을 올바르게 계산한 거예요.

## 개념 문제로 사고력을 키워요

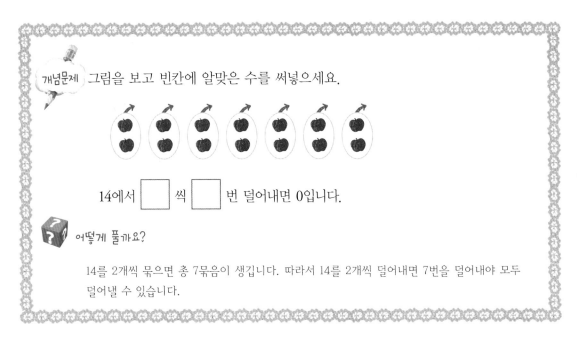

**개념문제** 그림을 보고 빈칸에 알맞은 수를 써넣으세요.

14에서 ☐ 씩 ☐ 번 덜어내면 0입니다.

**어떻게 풀까요?**

14를 2개씩 묶으면 총 7묶음이 생깁니다. 따라서 14를 2개씩 덜어내면 7번을 덜어내야 모두 덜어낼 수 있습니다.

**01** 다음 사탕 12개를 똑같이 3접시로 나누어 보고 빈칸에 알맞은 수를 써넣으세요.

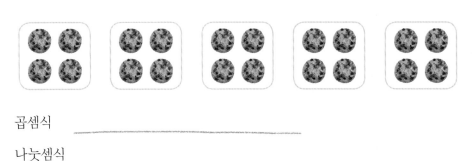

12개를 ☐ 접시에 똑같게 나누면 한 곳에 ☐ 개씩 놓여집니다.

**02** 그림을 보고 곱셈식과 나눗셈식으로 써 보세요.

곱셈식 _____

나눗셈식 _____

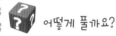

01 빈칸에 알맞은 수를 써넣으세요.

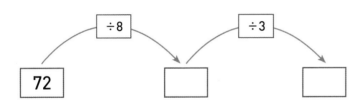

02 금화 56개를 8명이서 나누어 가지려고 합니다. 한 사람이 가질 수 있는 금화는 몇 개입니까?

식 _____

답 _____

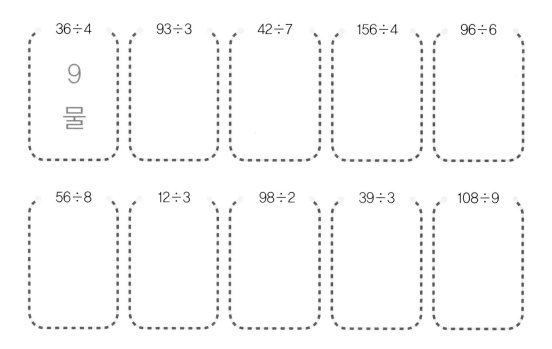

# 수학 체험으로 창의력을 키워요

**01** 각 문제에 나눗셈을 하고 나눗셈 해답에 맞는 글자를 넣어 문제를 완성해 주세요. 완성된 문장은 넌센스 퀴즈입니다. 퀴즈의 답을 맞춰 주세요.

| 13 | 12 | 6 | 7 | 31 | 16 | 39 | 49 | 9 | 4 |
|----|----|---|---|----|----|----|----|---|---|
| 강 | 은 | 기 | 수 | 고 | 살 | 가 | 눈 | 물 | 없 |

36÷4

9
물

93÷3

42÷7

156÷4

96÷6

56÷8

12÷3

98÷2

39÷3

108÷9

정답

찬영이는 친구들과 도서관에서 만나기로 하였습니다. 도서관을 가기 위해서는 다음 강을 건너가야 합니다. 찬영이가 도서관에 도착할 수 있도록 징검다리를 건너 보세요.

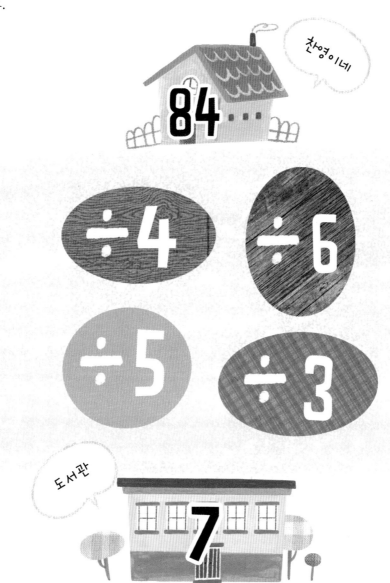

# 4 도형

평면도형

# 숨바꼭질하기 좋은 도서관

초록이는 창가에 앉아 턱을 괴고서 마을을 바라봅니다. 초록이의 집은 마을에서도 멀리 떨어진 숲속 어귀 언덕에 있습니다. 그곳 창가에서 마을을 바라보면 깨알처럼 작은 집들이 다닥다닥 붙어 있지요.

초록이의 소원은 마을로 가서 실컷 구경해 보는 것입니다. 하지만 할머니는 마을에 절대 가서는 안 된다고 하십니다. 초록이의 이상한 생김새를 보고 사람들이 놀릴까 봐 겁이 나기 때문일 겁니다.

초록이도 자기가 특이하게 생겼다는 걸 알고 있습니다. 피부는 울퉁불퉁하고 얼굴은 넙데데한 데다가 코평수는 아주 넓습니다. 게다가 초록이의 피부는 살구색이 아니라 녹색입니다. 마치 괴물처럼 말이죠. 그래서 초록이는 마을로 가서 아이들과 뛰어노는 대신 창가에 턱을 괴고 앉아 재미있고 즐거운 상상을 합니다.

"할머니, 우리 마을에 있는 집들은 왜 전부 네모나 세모밖에 없을까요?"

"글쎄다."

할머니는 뜨개질을 하다가 꾸벅꾸벅 졸았습니다. 초록이는 창가에 턱을 괴고 앉아 생각했지요.

"난 이다음에 버섯 갓처럼 생긴 집을 지을 거예요. 복도는 물속에 잠긴 동굴 같고, 지붕은 용의 등뼈처럼 구부러지게 만들 거야. 문은 커다란 짐승의 발바닥처럼 만들어야지."

초록이는 할머니에게 어떨 것 같으냐고 물었습니다.

그러자 할머니가 하품을 하며 중얼거렸지요.

"초록이, 네가 지으려는 그 집은 각이 얼마나 되니? 그 각이 얼만지 알아야 불편한 집인지 좋은 집인지 알 수 있을 것 같구나. 각이 지나치게 크면 가구를 놓기 불편할 거야. 가구들이 전부 반쯤 드러누운 집이 될 테지. 하지만 각이 지나치게 좁아도 문제야. 집이 비좁아질 테니까."

"각이 뭔데요?"

"책을 보면 모난 부분이 있지. 또 삼각자의 모난 부분에도 각이 있고. 각은 뾰족한 모양이야. 두 직선이 한 점에서 만나야 각이 되거든."

☆ 초록이는 각을 그려 보았어요. 다음 중 각은 어느 것일까요?

(         ③         )

①      ②      ③

④      ⑤

개념 잡기

• 각도 도형이에요.

각은 두 개의 직선이 한 점에서 만나는 모양이에요.

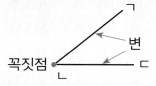

각에서 점 ㄴ을 각의 꼭짓점이라고 하고, 두 직선 ㄱㄴ, ㄴㄷ을 각의 변이라고 합니다. 또 이 각을 각 ㄱㄴㄷ이라고 합니다.

" 할머니, 직각은 또 무엇인가요?"

"직각에서 '직'은 '곧다'라는 뜻이지. 그러니까 직각은 곧은 각이란 뜻이란다."

할머니는 직각을 많이 그릴 수 있는 방법을 알려주었습니다.

먼저 사각형인 스케치북 가운데에다가 가로선을 쭉 그어야 하지요. 또 가운데를 비켜 가는 대각선도 긋는 것입니다.

할머니가 시킨 대로 했더니 삼각형이 2개, 평형사다리꼴이 4개가 생겼습니다. 초록이는 그 도형들을 가만히 들여다보았습니다.

"직각이 어디 있는 거지?"

✿ 초록이는 스케치북에 도형을 그려 보았어요. 초록이와 함께 이 도형에서 직각이 몇 개인지 찾아보세요.

(     8     )개

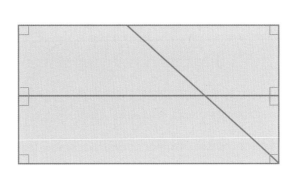

**개념 잡기**

• 직각에서 직은 '곧다'라는 뜻이지요.
  그러니까 직각은 곧은 각이란 뜻이에요.

삼각자에는 직각이 있어요. 삼각자의 직각인 꼭짓점을 각의 꼭짓
점에 맞추면 직각인지 아닌지 알 수 있어요.

초록이는 스케치북에다가 커다란 삼각형 집을 그렸습니다. 그리고 삼각형을 반으로 쪼개고, 그 반을 또 쪼개고, 반에 반을 다시 또 쪼개었지요.

"커다란 삼각형 방은 할머니가 쓰고 작은 삼각형 방은 내가 쓰기로 해. 가장 작은 삼각형 방 두 개는 거실과 부엌으로 쓰면 좋겠어. 이런 집이 있다면 서로 큰 방을 쓰겠다고 다툴 필요가 없겠지?"

"그렇겠구나."

"게다가 숨바꼭질하기도 엄청 좋을 거야!"

초록이는 아이들과 마음껏 뛰어 노는 상상을 하며 배시시 웃었습니다. 할머니는 그런 초록이의 모습이 안타까웠는지 안쓰러운 눈빛으로 바라보았습니다.

"친구들과 놀고 싶으냐?"

"아니, 틀림없이 친구들이 날 무서워할 거야."

"가엾은 녀석……."

✿ 다음 삼각형 중에서 직각삼각형은 모두 몇 개인가요?    (    2    )개

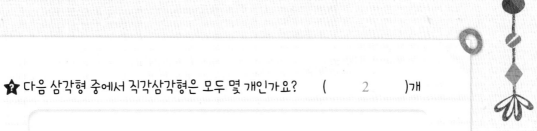

✿ 초록이는 삼각자를 이용해 삼각형 모양으로 방을 그렸어요. 직각삼각형은 모
두 몇 개입니까?  (        7        )개

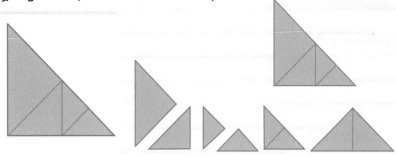

개념 잡기

• 직각삼각형은 이름에 직각이 있으니까
  삼각형에 직각이 있는 삼각형이란 걸 알 수 있지요.
  한 각이 직각인 삼각형을 직각삼각형이라고 해요.

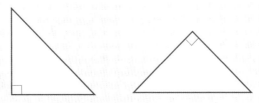

초록이는 사각형 집을 지을까도 생각해 보았습니다. 마을의 집 대부분은 사각형이지요. 하지만 같은 사각형 집이라 할지라도 집집마다 조금씩 모양이 달라요.

어떤 집은 직각사각형이고, 어떤 집은 정사각형이고, 또 어떤 집은 그냥 사각형 집이지요.

초록이는 스케치북에다가 아주 넓고 으리으리한 직사각형 집을 완성했습니다. 주변에 담장을 그리려다가 얼른 지워 버렸지요. 그 모습을 본 할머니가 물었습니다.

"왜 담장은 그리지 않은 거니?"

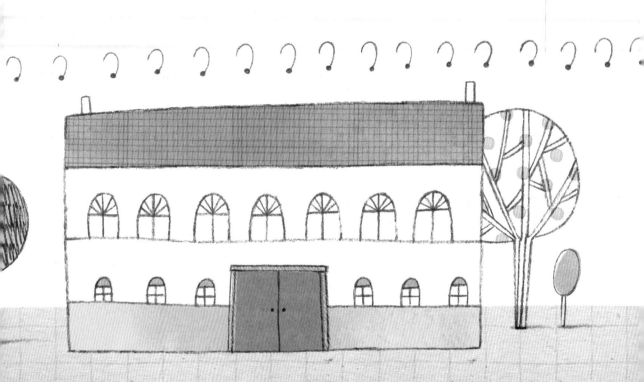

⭐ 다음 도형에서 직사각형은 모두 몇 개인가요? (    2    )개

⭐ 초록이는 직사각형 모양의 집을 그려 보았어요. ☐ 안에 알맞은 수를 각각 써 넣으세요.

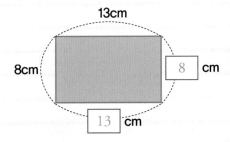

13cm

8cm

8 cm

13 cm

**개념 잡기**

- 직사각형에서 '직'은 '직각'을 줄인 말이지요.
  그러니까 직각삼각형처럼 직사각형도 직각이 있는 사각형이지요.
  하지만 직각삼각형과 다른 점이 있어요.
  직각삼각형은 각이 1개만 직각인데,
  직사각형은 네 각이 모두 직각이지요.

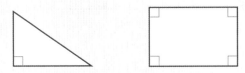

초록이가 턱을 괴고 앉아 창밖을 볼 때였습니다. 사냥꾼 아저씨가 초록이를 향해 손을 흔들었습니다.

사냥꾼 아저씨는 초록이의 유일한 친구이고, 마을에서 일어나는 소식을 알려주는 소식통이기도 하지요.

"초록아, 이게 무슨 그림이니?"

아저씨는 초록이가 상상해서 그린 집을 뚫어지게 쳐다보며 고개를 갸웃했어요.

"그건 제가 만들고 싶은 집이에요."

아저씨는 고개를 끄덕였습니다. 멋지다고 했지요.

　　　　"아저씬 지금 그림을 거꾸로 들고 계세요."

　　　　"오, 저런. 위아래가 없어서 뒤집어 들었던 거야."

⭐ ' 도 '를 여러 방향으로 뒤집었을 때의 모양을 그려 보세요.

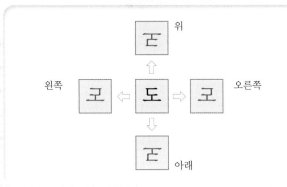

⭐ 오른쪽으로 도형을 뒤집었을 때 생기는 모양을 그려 보세요.

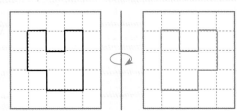

개념 잡기

• 거울에 비친 모습과 실제 모습은 어떻게 다른가요?

• 모양은 그대로이고, 오른쪽과 왼쪽은 바뀌었지요?

아 저씨는 초록이가 그린 집을 오른쪽으로 한 번, 또다시 오른쪽으로 한 번 더 뒤집어 들었습니다. 그러고서는 아주 무거운 목소리로 중얼거렸지요.

"이 집은 살기 아주 불편할 것 같아."

"어째서요?"

"문이 없으니까 어디가 옆인지, 앞인지, 뒤인지 헷갈리잖아."

"문은 만들지 않을 거예요."

"어째서?"

"누구나 들어올 수 있게 하려고요."

초록이의 말에 사냥꾼 아저씨는 무릎을 탁 쳤습니다.

⭐ 초록이는 7을 그렸어요. 7을 오른쪽으로 뒤집은 후  방향으로 돌렸을 때 생기는 모양을 그리세요.

⭐ 초록이는 집을 그렸어요. 여러 방향으로 돌렸을 때 어떤 모양이 될지 그려 보세요.

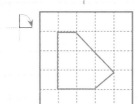
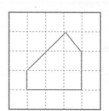
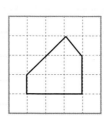
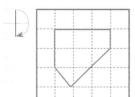
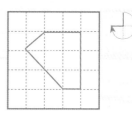

개념 잡기

• 도형을 돌리는 기호는 다음과 같아요.

 오른쪽으로 직각만큼 돌리기    오른쪽으로 직각 2배 만큼 돌리기

오른쪽으로 직각 3배 만큼 돌리기    오른쪽으로 한 바퀴 돌리기

초록이는 또 다른 집을 그렸습니다. 이번에 그린 집은 동그란 원 모양이었지요.

"특이한 모양의 집이로구나."

할머니가 안경을 치켜세우며 말했지요.

"이 집 안에 사는 사람들은 오순도순 모여 살 수밖에 없을 거예요."

초록이는 모두가 빙 둘러앉아 밥을 먹고, 모두가 빙 둘러 누워 잠을 자야만 하는 그런 집이라고 말했습니다.

할머니는 아주 특별한 집이라며 무릎을 탁 쳤습니다.

☆ 초록이는 원을 그렸어요. 원에 반지름을 5개 그려 보세요.

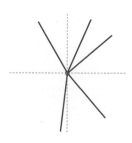

**개념 잡기**

• 점 o을 '원의 중심'이라고 하고,
원의 중심 o과 원 위의 한 점을 이은 거리를 '원의 반지름'이라고
해요. 원의 중심과 한 점만 이어서 줄을 그으면 그게 바로 반지름
이 되는 거지요.

❝ 그런데 이 동그란 집엔 누구랑 누가 살았으면 좋겠니?"

"나랑 할머니 그리고 사냥꾼 아저씨랑 김말이 아줌마요."

김말이 아줌마는 사냥꾼 아저씨의 부인입니다. 아줌마는 엄청 뚱뚱하지만 요리를 잘하신답니다. 아줌마는 마을에서 떡볶이 집을 하고 있지요.

"김말이 부인까지 함께 살아야 한단 말이지? 흠, 그렇다면 너무 비좁지 않을까?"

할머니가 흔들의자에 앉아 중얼거렸습니다.

초록이는 더 넓은 동그라미 집을 그려야겠다고 생각했습니다.

하지만 얼마나 더 크고 넓게 그려야 할지 알 수가 없었지요.

✿ 초록이는 세 개의 원이 있는 그림을 그렸어요. 가장 큰 원의 지름은 30cm, 두 번째 큰 원의 반지름은 10cm예요. 그럼 가장 작은 원의 반지름은 얼마일까요?

• 가장 큰 원의 지름에서 두 번째 큰 원의 지름을 빼면 가장 작은 원의 지름이 나와요.

그러니까 30에서 20을 빼면 10. 작은 원의 지름이 10이니까 반지름은 5.

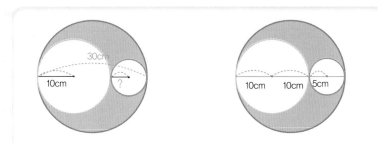

**개념 잡기**

• 원의 중심을 지나는 선분 ㄱㄴ을 '원의 지름'이라고 하지요.

그러면 지름은 원에 몇 개가 있을까요?

무수하게 많지요.

지름은 반드시 원의 중심을 지나가야 해요.

원의 중심을 지나가지 않은 선분은 지름이 아니에요.

그래서 한 원에서 지름의 길이는 모두 같은 거예요.

한 원에서 지름은 반지름의 2배예요.

반지름이 1cm이면 지름은 2cm,

반지름이 2cm이면 지름은 4cm,

반지름이 4cm이면 지름은 8cm지요.

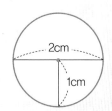

초록이가 창가에 기대어 마을을 바라보며 집을 그리고 있을 때였습니다. 사냥꾼 아저씨와 김말이 아줌마가 호들갑스럽게 달려왔습니다.

아저씨랑 아줌마는 마을에서 아이들이 모두 사용할 수 있는 도서관을 지으려고 한다는 소식을 전해 주었습니다.

"잘된 일이로구나."

"하지만 큰일이에요. 어떻게 지어야 할지 몰라서 공사를 시작하지 못하고 있거든요."

"저런!"

그 이야기를 들은 초록이는 아껴 두었던 그림을 꺼내 주었습니다.

"아저씨, 이런 모양의 도서관 건물은 어때요?"

그것은 담장이 없어서 누구나 들어올 수 있고, 여러 가지 모양의 방이 있어서 숨바꼭질하기에도 편하고, 크기가 똑같은 모양의 방도 여러 개 있어서 더 좋은 방을 차지하겠다고 싸울 필요도 없었습니다. 게다가 위아래, 오른쪽과 왼쪽, 앞뒤가 구분되지 않아서 어디에서든 마음대로 들어갈 수 있는 특별한 건물이었지요.

"오, 이것이야말로 아이들에게 딱 어울리는 도서관이로군!"

사냥꾼 아저씨와 김말이 아줌마는 초록이가

그린 건물 설계도를 들고 마을로 달려갔습니다. 사람들은
모두 감탄했습니다.

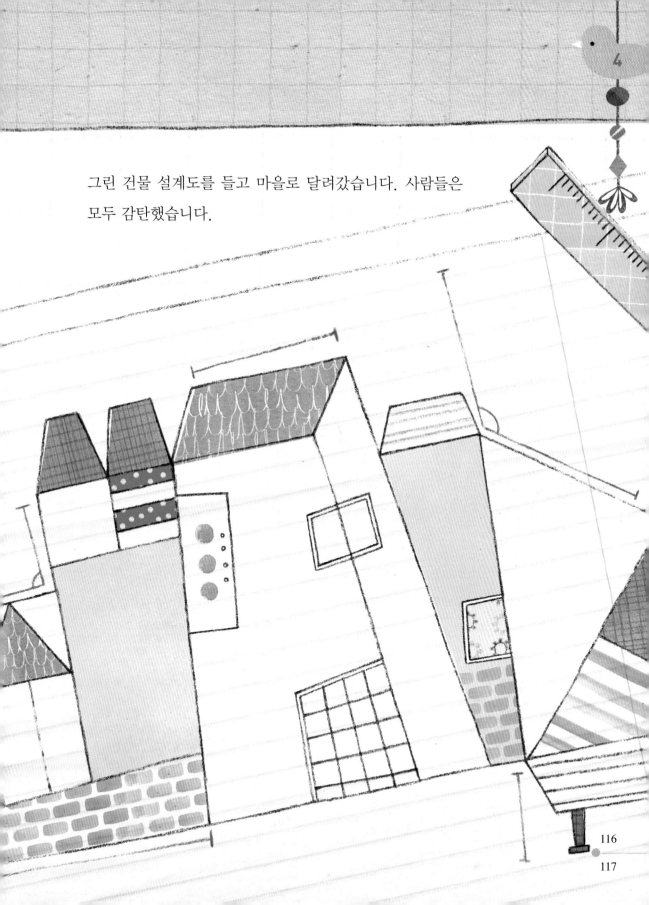

**곧** 공사가 시작되었어요.

이윽고 초록이의 집 창가에서도 크게 보일 정도로 우뚝한 도서관 건물이 완성되었지요.

마을 사람들은 도서관이 완성된 것을 축하하는 파티를 열자고 했습니다. 당연히 이 건물을 설계한 건축가 초록이를 초대하기로 했지요.

초록이는 사람들이 자기를 놀리거나 싫어할까 봐 걱정했습니다. 하지만 사람들은 전혀 그렇지 않았어요. 이 특이한 건물을 설계한 건축가가 평범하다면 그게 더 이상한 일일 거라며 초록이를 받아주었지요.

"애들아, 숨바꼭질하지 않을래? 이 도서관은 숨바꼭질하기 좋은 도서관이거든."

"꼭꼭 숨어라, 머리카락 보일라."

초록이를 놀리는 아이는 아무도 없었어요.

초록이에게는 태어나서 가장 행복한 시간이었어요.

## 1. 각과 도형

각이란 두 개의 직선이 한 점에서 만나는 모양을 의미합니다.

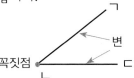

직각은 각 ㄱㄴㄷ과 같은 모양의 각을 의미합니다.

각에서 점 ㄴ을 각의 꼭짓점이라고 하고, 두 직선 ㄱㄴ, ㄴㄷ을 각의 변이라고 합니다. 또 이 각을 각 ㄱㄴㄷ이라고 합니다.

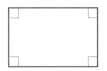

한 각이 직각인 삼각형 = 직각삼각형

네 각이 모두 직각인 사각형 = 직사각형

## 2. 뒤집기와 돌리기

도를 여러 방향으로 뒤집으면,

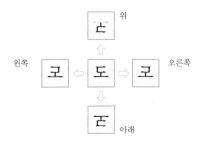

숫자 5를 왼쪽으로 돌리면,

## 3. 원의 지름과 반지름

원의 중심에서 원 위의 한 점을 이은 거리를 '원의 반지름'이라고 합니다.

원의 반지름은 지름의 반입니다. 만약, 원의 지름이 6cm라면 원의 반지름은 3cm입니다.

첫째, 용어를 정확하게 익혀야 해요.

각과 직각을 정확하게 이해하세요.

옆의 책에서 찾을 수 있는 각은 무엇이 있나요?

책의 모서리와 여자어린이가 쓰고 있는 왕관에 각이 있네요!

그럼 직각은 어디에 있나요?

책의 모서리가 바로 직각입니다.

둘째, 우리 주변에서 공부한 내용을 찾아보세요.

공부방에서 찾을 수 있는 직각, 직사각형, 직각삼각형을 찾아 보세요.

그리고 글씨나 그림이 돌려져 있거나 뒤집어진 것을 찾아보세요.

원에서 중심이 표시된 것에는 어떤 것이 있는지 찾아보세요. 팽이를 위에서 보면 어떤 모양일까요?

셋째, 실생활에서 공부한 내용을 활용해 보세요.

친구들과 글씨를 돌리고 뒤집으면서 놀이를 해 보세요. 글씨를 돌려서 쓴 편지를 보내도 좋아요. 부모님께 비밀 편지를 적어 보세요.

넷째, 원의 중심과 원의 반지름에 대한 용어도 정확하게 익히세요. 집에 있는 원을 찾아보세요. 물체의 원의 중심을 찾아 손 위에 올려 보세요. 정확하게 원의 중심을 찾으면 손가락 위에 올려놓을 수 있어요. 이때는 접시같이 깨지는 물건보다는 과자 뚜껑, 반찬 뚜껑을 올려놓는 게 좋겠죠?

## 개념 문제로 사고력을 키워요

**개념문제** 다음 빈칸을 채우면서 각을 살펴보세요.

한 점에서 그은 두 직선으로 이루어진 도형 점 ㄴ을 ☐, 직선 ㄱㄴ, 직선 ㄴㄷ을 ☐ (이)라고 합니다. 이 각을 각 ㄱㄴㄷ 또는 각 ㄷㄴㄱ이라고 합니다. 각 ㄹㅁㅂ과 같은 모양의 각을 직각이라고 합니다.

**어떻게 풀까요?**

한 점에서 그은 두 직선으로 이루어진 도형을 각이라고 합니다.
각 ㄹㅁㅂ과 같은 모양의 각을 직각이라고 합니다.

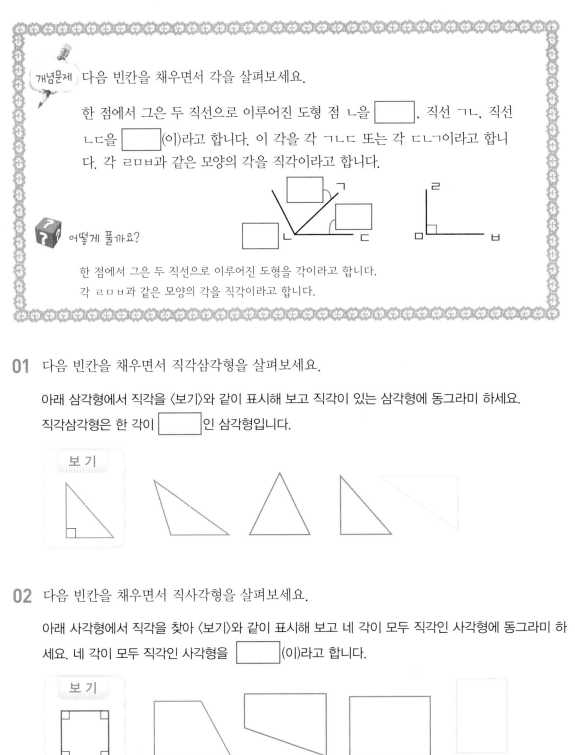

---

**01** 다음 빈칸을 채우면서 직각삼각형을 살펴보세요.

아래 삼각형에서 직각을 〈보기〉와 같이 표시해 보고 직각이 있는 삼각형에 동그라미 하세요. 직각삼각형은 한 각이 ☐ 인 삼각형입니다.

보기

---

**02** 다음 빈칸을 채우면서 직사각형을 살펴보세요.

아래 사각형에서 직각을 찾아 〈보기〉와 같이 표시해 보고 네 각이 모두 직각인 사각형에 동그라미 하세요. 네 각이 모두 직각인 사각형을 ☐ (이)라고 합니다.

보기

아래의 평면도형을 오른쪽과 왼쪽 방향으로 밀어 그려 보세요.

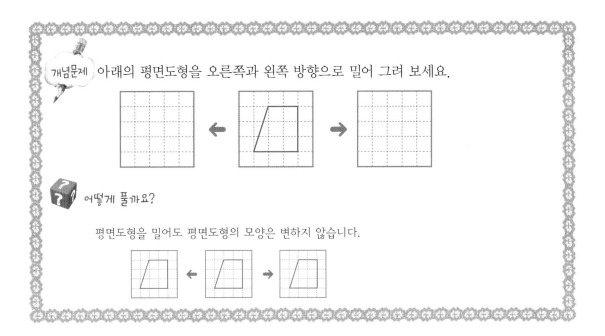

어떻게 풀까요?

평면도형을 밀어도 평면도형의 모양은 변하지 않습니다.

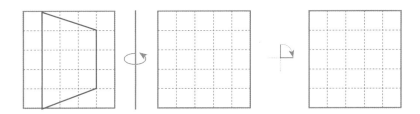

**01** 아래의 평면도형을 오른쪽으로 뒤집은 후 ⌐→ 방향으로 도형을 그려 보세요.

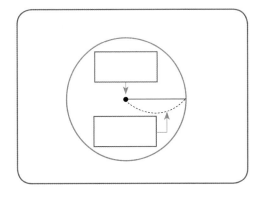

**02** 원의 중심, 지름, 반지름과 관련해 아래의 빈칸을 채우세요.

① 왼쪽 원의 지름이 6cm일 때,
   반지름은 ☐ cm입니다.

② 왼쪽 원의 지름이 ☐ cm일 때,
   반지름은 6cm입니다.

**01** 아래는 마을 어린이들이 초록이에게 쓴 편지입니다. 편지를 완성해 보세요.

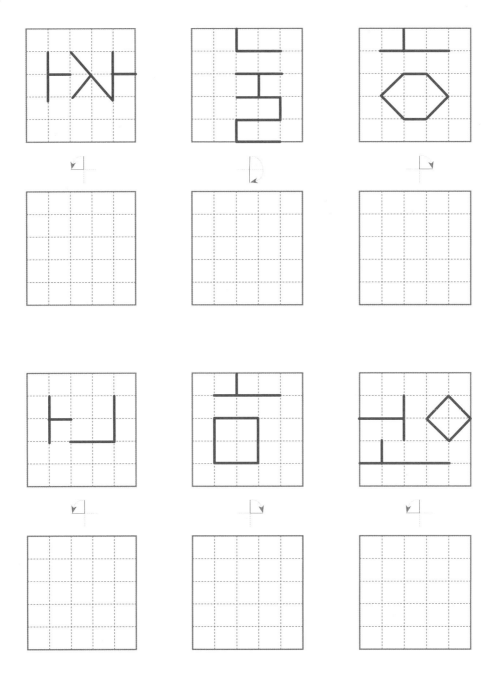

아래의 다양한 도형을 연결하는 붉은색 선의 길이는 몇 cm인지 구하세요.

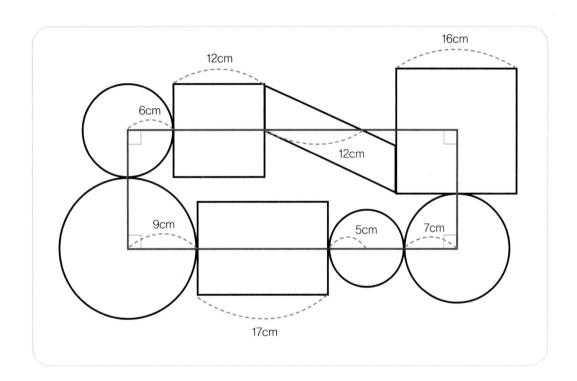

(                                        )

# 5 측정

들이와 무게

# 엉뚱 마을의 명랑 운동회

우리 마을은 한가해. 예전에는 사람들이 북적북적 붐볐던 마을이라는데 지금은 파리만 날릴 정도지. 마을이 이렇게 한산해진 건 사람들이 모두 도시로 떠났기 때문이야.

사람들이 도시로 가는 이유는 편리하기 때문이야. 필요한 물건을 사려고 장날을 기다릴 필요도 없대. 집밖에 나가면 커다란 슈퍼, 영화관, 약국, 병원 등 생활하는 데 필요한 게 뭐든 다 있다지. 슈퍼가 딱 한 개밖에 없는 우리 마을과 비교하면 엄청나게 편할 거야.

"이장님, 사람이 갈수록 줄어들고 있슈."

"이대로 가다간 우리 마을이 사라지고 말 거유."

"사람들을 우리 마을로 오게 할 방법이 없을까유?"

마을 이장인 아빠는 궁리 끝에 축제를 열자고 했어. 하지만 모두 고개만 갸웃갸웃.

"안경잡이 이장님, 축제를 한다고 해서 사람들이 찾아올까유?"

"사람들을 불러 모아 놓고 우리 마을이 얼마나 정답고 좋은지 보여주자고요!"

아빠가 축 내려온 안경을 밀어 올리며 말했어. 사람들은 모두 눈을 반짝였지.

드디어 〈엉뚱 마을 명랑 운동회〉 날이 되었어. 아빠는 도시에 사는 사람들을 마구 초대했지. 하지만 도시 사람들은 먼 시골 마을까지 오려고 하지 않았어.

결국 운동회를 시작했지만 새로운 사람은 눈을 씻고 찾아봐도 없는 듯했지.

"그래도 끝까지 포기하지 말고 운동회를 합시다!"

아빠의 말에 마을 사람들은 넓은 학교 운동장에 모여 우스꽝스러운 옷을 차려입고 운동회의 시작을 알리는 춤을 췄지. 똑같은 춤 동작을 따라 하는데도 사람들마다 손동작이 다르고, 발동작이 달랐어. 그야말로 엉망이었지. 아빠는 사람들을 이끌고 산등성이 오르기 경주를 시작했어.

"여기서부터 저기까지 달리는 거예요."

"일등 하면 뭘 주나유?"

대장간 김씨 아저씨가 물었어. 아빠는 일등 하는 사람에겐 엄청난 상품이 있다는 말만 했지. 사람들은 상품이 있단 말에 눈을 번뜩이며 달리기 시작했어.

"준비 탕!"

건넛집 박 씨 할아버지의 출발 신호에 맞춰 사람들이 달리기 시작했어. 안경잡이 이장님인 우리 아빠도 힘껏 달렸지. 나도 사람들 틈에 끼어 영차영차 달리기 시작했어.

⭐ 운동장에서 방앗간을 지나 개울까지 가는 거리는 2700m예요. 2700m를 다르게 나타내 보세요.

(                2km 700m                )

**개념 잡기**

- 1000m를 1km라고 쓰고 1킬로미터라고 읽어요.
  2km보다 500m 더 긴 것을 2km 500m라고 쓰고 2킬로미터 500미터라고 읽어요.
  2km 500m는 2500m예요.

우 리 마을 뒷산은 산등성이가 낮은 편이지. 하지만 돌이 많은 자갈 길이기 때문에 오르기가 좀처럼 쉽지 않아. 사람들은 팔을 씩씩하게 휘저으며 앞을 향해 걸었어.

아빠랑 김 씨 아저씨가 가장 앞서 걸었지. 사람들은 두 사람 가운데 1등이 나올 거라고 말했어. 그런데 이게 웬일이야. 아빠가 안경을 떨어트리는 바람에 주춤거리다가 1등 후보에서 밀려나고 말았어. 이제 1등은 김 씨 아저씨의 차지가 되나 싶었지.

하지만 아뿔싸! 김 씨 아저씨가 돌부리에 걸려 넘어지고 말았지 뭐야.

"아이고, 아이고!"

무릎을 감싸 쥐고 나뒹구는 김 씨 아저씨를 제치고 웬 아줌마가 달려 나갔어. 사람들은 처음 보는 아줌마를 보고 고개를 갸웃했지.

마을 사람들은 그 아줌마가 누군지 모르겠다며 수군거렸어. 그 사이, 아줌마는 정해진 코스를 가로질러 약수터를 향해 달렸지. 아줌마는 지치지도 않는 듯했어.

★ 뒷산 입구에서 약수터까지의 거리는 5km 500m이고 약수터에서 산꼭대기까지의 거리는 2km 600m예요. 뒷산 입구에서 약수터까지의 거리와 약수터에서 산꼭대기까지의 거리의 합을 알아보세요.

(　　　　　8km 100m　　　　　)

$$
\begin{array}{r}
5\text{km}\ 500\text{m} \\
+\ 2\text{km}\ 600\text{m} \\
\hline
7\text{km}\ 1100\text{m} \\
=\ 8\text{km}\ \ \ 100\text{m}
\end{array}
$$

⋯ 자리를 맞추어 쓰고 m는 m끼리, km는 km끼리 더한다.

⋯ 1000m는 1km이므로, 받아올림한다.

개념 잡기

• 길이의 합을 구할 때에는, 자리를 맞추어 쓰세요. m는 m끼리, km는 km끼리 더해요.
• m끼리 더했을 때 1000m가 나오면, 1000m는 1km이므로 받아올림해요.

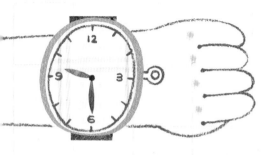

낯선 아줌마가 1등을 할지도 모른다는 생각이 든 김 씨 아저씨는 다친 무릎을 움켜쥐고 일어났어. 김 씨 아저씨는 엉뚱 마을의 힘을 보여 주겠다며 "으라차차!" 소리를 내며 뛰었지.

아빠도 안경을 고쳐 쓰고서 "이얍!" 하고 외치며 뛰어갔어. 우리는 모두 길을 멈추고서 그 모습을 바라보았지.

"우린 그만 내려가서 음료수나 한잔할까?"

"좋아유!"

사람들은 산등성이 목표를 향해 뛰고 있는 세 사람을 내버려 둔 채 마을 운동장으로 되돌아갔어. 나는 아빠에게 사람들이 모두 돌아가려 한다는 사실을 알려줘야 하나 고민했지. 하지만 옆집 할머니가 떡을 주겠다는 말에 냉큼 산을 내려가 버렸어.

사람들은 운동장에 마련된 평상에 앉아서 음식을 먹기 시작했어. 그런데 시간이 한참 흘러도 아빠랑 김 씨 아저씨 그리고 낯선 아줌마가 돌아오지 않는 거야.

"시간이 얼마나 지났쥬?"

"그러니까…… 우리가 9시 30분에 경주를 시작했는데, 지금은 11시 10분이니께……."

⭐ 아빠는 9시 30분에 달리기를 시작했어요. 그런데 지금은 11시 10분이에요.
아빠는 얼마 동안 달린 걸까요?

(　　　　　1시간 40분　　　　　)

11시 10분 ⟵ 분은 분끼리, 시는 시끼리 뺍니다.
- 9시 30분 ⟵ 분끼리 뺄 수 없을 때에는 1시간=60분
―――――――  을 이용해 받아내림합니다.
1시간 40분

**개념 잡기**

• 시간의 차를 구할 때에는 초는 초 단위끼리, 분은 분 단위끼리, 시
는 시 단위끼리 계산해요.
시간의 합과 차를 구할 때, 시각을 묻는 것인지, 시간을 묻는 것인
지 정확하게 알아야 해요.

한참 만에 저쪽에서 누군가 걸어오는 게 보였어. 김 씨 아저씨랑 아빠 그리고 낯선 아줌마였어. 사람들은 경주에 참가한 사람들이 이제 돌아온 것 같다며 물을 준비했지.

"자, 고생들 했을 텐데 시원하게 들이켜. 이건 우리 마을 뒷산 약수터에서 뜬 물이여."

작년에 이장을 지냈던 할아버지가 약수 물을 내밀었어. 그러자 아빠랑 김 씨 아저씨 그리고 낯선 아줌마는 서로 눈치를 보다가 벌컥벌컥 물을 들이마셨지. 전 이장 할아버지는 그런 세 사람에게 일등이 누구냐고 물어봤어.

"무승부예유."

"그려? 아깝게 됐구먼."

전 이장 할아버지가 느릿하게 말했어. 그랬더니 김 씨 아저씨가 무승부인 채로 경기를 끝낼 순 없다며 약수 많이 먹기 내기를 하자고 했어. 아빤 좋다고 했지. 낯선 아줌마도 어렸을 때 물 항아리에 빠졌다가 물을 다 먹고 나온 경험이 있다며 자신 있다고 했어. 이렇게 해서 〈엉뚱 마을 명랑 운동회〉가 또 시작됐어.

"하나, 둘, 셋 하면 먹는겨. 하나, 둘, 세-엣!"

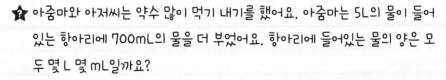

✪ 아줌마와 아저씨는 약수 많이 먹기 내기를 했어요. 아줌마는 5L의 물이 들어 있는 항아리에 700mL의 물을 더 부었어요. 항아리에 들어있는 물의 양은 모두 몇 L 몇 mL일까요?

(                    5L 700mL                    )

개념 잡기

• 들이의 단위에는 1리터와 1밀리리터가 있어요.
1리터는 1L, 1밀리리터는 1mL라고 써요.
1리터는 1000밀리리터와 같아요.

• 1L보다 500mL 더 많은 들이를 1L 500mL라 쓰고, 1리터 500밀리리터라고 읽지요.
1L 500mL는 1500mL와 같아요.

약수를 들이마신 세 사람의 배가 금방이라도 뻥 터질 것처럼 볼록해졌어. 세 사람은 막상막하였어. 특히 김 씨 아저씨는 약수 물을 마치 술처럼 "크억!" 소리를 내며 벌컥벌컥 마셔댔지.

얼마나 지났을까? 아빠는 도저히 못 하겠다며 물을 토해냈어. 결국 아빠는 탈락하고 김 씨 아저씨와 낯선 아줌마, 달랑 두 사람이 남게 됐지.

김 씨 아저씨는 4L 700mL의 물을 들이켰어. 낯선 아줌마는 4L 750mL의 물을 들이켰지. 그 모습을 본 사람들은 대체 두 사람이 물을 얼마나 마신 것이냐며 놀라워했어.

"으메, 이러다가 우리 마을 약수터 물이 다 동나겠네!"

"그러게, 둘 다 물귀신은 저리가라구먼!"

❓ 아저씨가 마신 물은 4L 700mL이고, 아줌마가 마신 물은 4L 750mL예요.
두 사람이 마신 물은 모두 몇 L 몇 mL일까요?

(          9L 450mL          )

$$
\begin{array}{r}
4L \quad 700mL \\
+ \; 4L \quad 750mL \\
\hline
8L \; 1450mL \\
= \; 9L \quad 450mL
\end{array}
$$

⟵ 자리를 맞추어 쓰고 L는 L끼리,
mL는 mL끼리 더한다.

⟵ 1000mL는 1L이므로, 받아올림한다.

❓ 아저씨가 마신 물은 4L 700mL이고, 아줌마가 마신 물은 4L 750mL예요.
아줌마는 아저씨보다 물 몇 L 몇 mL를 더 마셨을까요?

(          50mL          )

$$
\begin{array}{r}
4L \quad 750mL \\
- \; 4L \quad 700mL \\
\hline
50mL
\end{array}
$$

⟵ 자리를 맞추어 쓰고 L는 L끼리,
mL는 mL끼리 뺀다.

개념 잡기

• 들이의 합을 구할 때에는, 자리를 맞추어 L는 L끼리, mL는 mL끼
리 더해요. mL끼리 더했을 때 1000mL가 나오면, 받아올림해요.

• 들이의 차를 구할 때에는, 자리를 맞추어 L는 L끼리, mL는 mL끼리 빼
요. mL끼리 뺄 수 없을 때에는 1mL = 1000L를 이용해 받아내림해요.

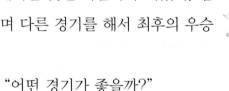

약수 물 많이 먹기 내기에서는 낯선 아줌마가 이겼어. 김 씨 아저씨는 억울하다며 다른 경기를 해서 최후의 우승자를 가리자고 했지.

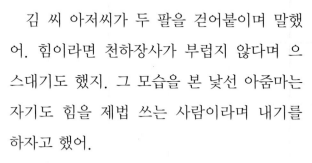

"어떤 경기가 좋을까?"

"돌절구 들기는 어때유?"

김 씨 아저씨가 두 팔을 걷어붙이며 말했어. 힘이라면 천하장사가 부럽지 않다며 으스대기도 했지. 그 모습을 본 낯선 아줌마는 자기도 힘을 제법 쓰는 사람이라며 내기를 하자고 했어.

마을 사람들은 모두 김 씨 아저씨와 낯선 아줌마를 둘러싼 채로 응원을 시작했지. 나는 낯선 아줌마를 응원했어.

"으라차차!"

김 씨 아저씨가 돌절구를 번쩍 들었어. 그러자 낯선 아줌마는 돌절구에 쌀 한 보따리를 얹어 들었지. 사람들은 입을 쩍 벌리고 놀라워했어.

☆ 사과 1개의 무게에 알맞은 단위는 무엇일까요?

(                    g                    )

☆ 사람 1명의 무게에 알맞은 단위는 무엇일까요?

(                    kg                    )

**개념 잡기**

• 1kg을 넘지 않는 것은 g 단위를, 1kg을 넘는 것은 kg 단위를 사용
  하는 것이 좋아요.

  무게의 단위에는 1킬로그램과 1그램이 있어요.

  1킬로그램은 1kg, 1그램은 1g이라고 써요.

  1킬로그램은 1000그램과 같아요.

• 1kg보다 500g 더 무거운 무게를 1kg 500g이라고 쓰고, 1킬로그
  램 500그램이라고 읽어요.

  1kg 500g은 1500g과 같아요.

  1kg 500g = 1kg+500g = 1000g + 500g = 1500g

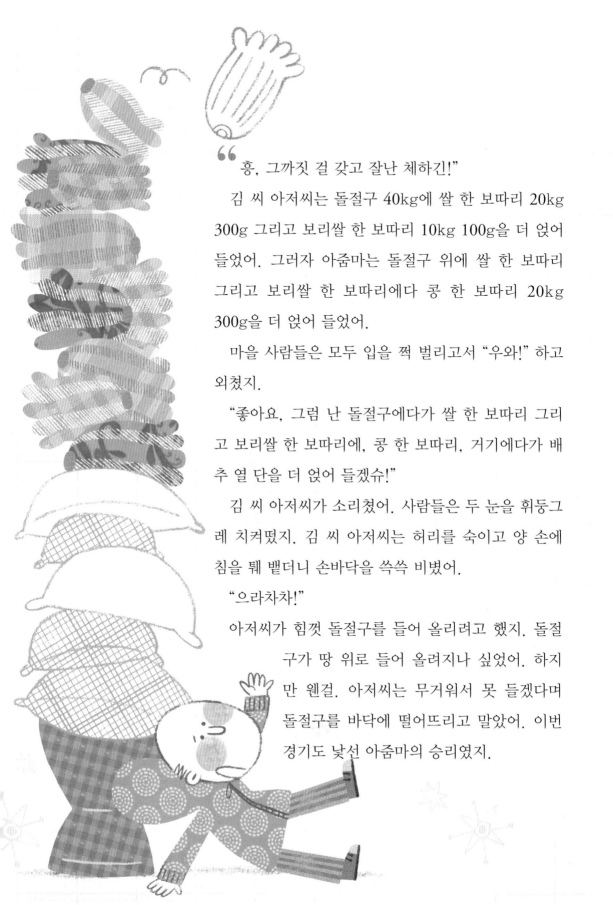

"흥, 그까짓 걸 갖고 잘난 체하긴!"

김 씨 아저씨는 돌절구 40kg에 쌀 한 보따리 20kg 300g 그리고 보리쌀 한 보따리 10kg 100g을 더 얹어 들었어. 그러자 아줌마는 돌절구 위에 쌀 한 보따리 그리고 보리쌀 한 보따리에다 콩 한 보따리 20kg 300g을 더 얹어 들었어.

마을 사람들은 모두 입을 쩍 벌리고서 "우와!" 하고 외쳤지.

"좋아요, 그럼 난 돌절구에다가 쌀 한 보따리 그리고 보리쌀 한 보따리에, 콩 한 보따리, 거기에다가 배추 열 단을 더 얹어 들겠슈!"

김 씨 아저씨가 소리쳤어. 사람들은 두 눈을 휘둥그레 치켜떴지. 김 씨 아저씨는 허리를 숙이고 양 손에 침을 퉤 뱉더니 손바닥을 쓱쓱 비볐어.

"으라차차!"

아저씨가 힘껏 돌절구를 들어 올리려고 했지. 돌절구가 땅 위로 들어 올려지나 싶었어. 하지만 웬걸. 아저씨는 무거워서 못 들겠다며 돌절구를 바닥에 떨어뜨리고 말았어. 이번 경기도 낯선 아줌마의 승리였지.

⭐ 아저씨는 70kg 400g, 아줌마는 90kg 700g을 들었어요. 아저씨와 아줌마가 든 무게는 모두 몇 kg 몇 g일까요?

(            161kg 100g           )

$$\begin{array}{r} 70\text{kg} \quad 400\text{g} \\ +\ 90\text{kg} \quad 700\text{g} \\ \hline 160\text{kg} \ 1100\text{g} \\ =161\text{kg} \quad 100\text{g} \end{array}$$

⟵ 자리를 맞추어 쓰고 g은 g끼리, kg는 kg끼리 더한다.

⟵ 1000g은 1kg이므로, 받아올림한다.

⭐ 아저씨는 70kg 400g, 아줌마는 90kg 700g을 들었어요. 아줌마는 아저씨보다 얼마나 더 들었을까요?

(            20kg 300g           )

$$\begin{array}{r} 90\text{kg} \quad 700\text{g} \\ -\ 70\text{kg} \quad 400\text{g} \\ \hline 20\text{kg} \quad 300\text{g} \end{array}$$

⟵ 자리를 맞추어 쓰고 g은 g끼리, kg는 kg끼리 뺀다.

개념 잡기

• 무게의 합은 g은 g끼리, kg는 kg끼리 더해요. g끼리 더했을 때 1000g가 나오면 1000g은 1kg이므로, 받아올림해요.
무게의 차는 g은 g끼리, kg는 kg끼리 빼요. g끼리 뺄 수 없을 때에는 1kg=1000g을 이용해 받아내림해요.

마지막 경기는 사과 따기여유. 정해진 시간 동안 누가 더 사과를 많이 따는지 알아보자구유."

　　큰 사과는 작은 사과보다 따기가 힘들어. 꼭지가 단단해서 있는 힘껏 힘을 주어 돌려야 하지. 하지만 작은 사과는 손쉽게 꼭지를 딸 수 있어. 그래서 우린 큰 사과를 더 많이 따는 사람에게 보너스 점수를 주기로 했지.

　　"자, 이제 시작해유!"

　　아빠의 말이 떨어지기 무섭게 김 씨 아저씨랑 낯선 아줌마는 사과밭으로 갔어. 나는 그림 그래프를 그려서 두 사람이 딴 사과의 양을 비교하는 표를 만들기로 했어.

　　나는 큰 사과와 작은 사과 그림을 그려 놓고, 두 사람이 몇 개나 땄는지를 조사했지. 사람들은 내가 그린 그래프를 보고서 누가 더 사과를 많이 땄는지 금방 알아볼 수 있게 됐어.

　　"한눈에 들어오는구면."

　　"우리 샛별이는 참 똑똑혀."

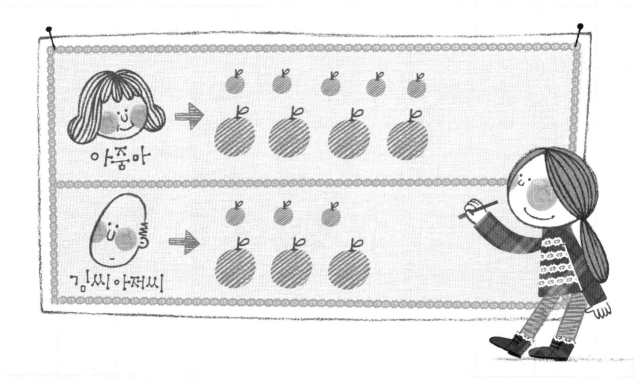

☆ 아저씨와 아줌마가 딴 사과를 나타낸 표예요. 표를 보고 그림 그래프로 나타내 보세요.

🍎100g 🍏10g

| 사과의 양 | | | | | | | | | |
|---|---|---|---|---|---|---|---|---|---|
| 아줌마 | 🍎 | 🍎 | 🍎 | 🍎 | 🍏 | 🍏 | 🍏 | 🍏 | 🍏 |
| 아저씨 | 🍎 | 🍎 | 🍎 | 🍏 | 🍏 | 🍏 | | | |

| | 아줌마 | 아저씨 |
|---|---|---|
| 사과의 양(g) | 450 | 330 |

**개념 잡기**

• 그림 그래프는 조사한 수를 그림으로 나타낸 그래프예요.
그림 그래프는 막대 그래프와 달라요. 막대 그래프는 수의 크기를 쉽게 비교할 수 있어요.
그림 그래프는 수의 크기를 실제 모양의 그림으로 나타내므로 한눈에 쉽게 알 수 있어요.

• 그림 그래프를 그리는 순서
1. 그림을 몇 가지로 나타낼 것인지 정해요.
2. 어떤 그림으로 나타낼 것인지 정해요.
3. 조사한 수에 맞도록 그림을 그려요.
4. 그린 그림 그래프에 알맞은 제목을 붙여요.

이번에도 우승은 낯선 아줌마의 차지였어. 김 씨 아저씨는 성난 황소처럼 씩씩거리며 자리에 털썩 주저앉았지.

아빠는 낯선 아줌마에게 1등 상금과 트로피를 주겠다며 이름을 가르쳐 달라고 했어.

"제 이름은…… 점순이여요."

아줌마는 기어들어가는 목소리로 말했어. 그러자 옆집 할머니, 전 이장 할아버지 등 마을 어르신들이 술렁거렸어.

"혹시 예전에 저기 저 건너 집에 살던 점순이가 바로 너란 말이여?"

"예…….'

아빠한테 들었는데, 점순이 아줌마는 30년 전에 마을을 떠나 도시로 이사를 갔었대. 그동안 마을을 단 한번도 찾지 않았는데, 인터넷을 보다가 우연히 우리 마을에서 운동회를 한다는 소식을 듣고 찾아오게 됐던 거래. 아줌마는 포근하고 따뜻한 마을이 무척 그리웠다며 눈물을 흘렸어.

비록 〈엉뚱 마을 명랑 운동회〉는 엉뚱하게 끝이 났지만, 마을 사람들은 한 가지 희망을 갖게 됐지. 바로 언젠가 도시 생활에 지친 사람들이 다시 돌아올지도 모른다는 것이었어. 우리 마을엔 도시에서는 찾아볼 수 없는 정다움과 포근함이 있으니까 말이야. 우리 마을에 놀러 와서 〈엉뚱 마을 명랑 운동회〉에 참가하지 않을래?

## 선생님과 함께하는 개념 정리

　일상생활에서 길이, 시간, 들이, 무게를 잴 때 다양한 단위들이 이용되고 있어요. 우리가 생활에서 많이 접할 수 있는 km, g, L등이 그러한 단위들이지요. 다양한 단위들이 어떠한 의미를 나타내고 있는지 배워 볼까요?

　길이에서는 어떠한 단위들을 사용하고 있을까요? 우리가 가장 쉽게 접하는 단위는 cm입니다. 2학년 때도 배웠던 단위이지요. 1cm를 10개로 나눈 것 중 하나는 1mm라고 합니다. 그렇다면 1cm가 100개 모여 이어진 길이는 어떻게 나타낼까요? 맞아요. 1m라고 나타내지요. 그렇다면 1m가 1000개 모여 이어진 아주 길다란 길이는 어떠한 단위를 써서 나타낼까요? 1km라는 단위를 써서 나타낸답니다.

$$10mm = 1cm , 100cm = 1m, 1000m = 1km$$

　시간을 나타낼 때는 우리가 2학년 때 배워서 잘 알고 있는 '시간'과 '분'이라는 단위를 사용하지요. 1시간은 몇 분을 나타낼까요? 맞아요. 1시간은 60분을 나타낸답니다.

$$60분 = 1시간$$

　컵에 담긴 액체의 양을 잴 때는 '들이' 단위를 사용하지요. 우리가 음료수, 물, 우유 등의 액체로 된 물체들을 살 때 사용하는 mL, L가 들이의 단위랍니다. 들이에서는 1L가 1mL보다 큰 단위이고 1000mL가 1L와 같답니다.

$$1000mL = 1L$$

　무겁다, 가볍다와 같이 얼마나 무거운지를 나타내기 위해서는 '무게' 단위를 사용해요. 무게의 단위는 g과 kg이 사용되지요. 1000g은 1kg과 같은 무게를 나타낸답니다.

$$1000g = 1kg$$

길이의 덧셈과 뺄셈을 볼까요? 우리가 일반적으로 하는 덧셈과 뺄셈이랑 방법은 같아요. km는 km끼리, m는 m끼리 자리를 맞추어 더하거나 빼면 돼요. 하지만 m에서 km로 바뀌는 곳에서 단위를 주의해 주면 된답니다.

$$\begin{array}{r} 1\text{km } 300\text{m} \\ +\ 1\text{km } 900\text{m} \\ \hline 3\text{km } 200\text{m} \end{array}$$

mL와 L, g과 kg의 덧셈과 뺄셈은 m와 km의 덧셈과 뺄셈이랑 똑같아요. 같은 단위끼리 자리를 맞추어 계산해 주고 1000mL가 되었을 때는 1L로 올려주고, 1000g이 되었을 때는 1kg으로 올려 주면 되지요. 또, 뺄셈을 할 때 받아내림이 필요한 경우에는 1L를 1000ml로 바꾸어 계산하면 된답니다.

$$\begin{array}{r} 2\text{L } 400\text{mL} \\ -\ 1\text{L } 700\text{mL} \\ \Downarrow \\ 1\text{L } 1400\text{mL} \\ -\ 1\text{L }\ \ 700\text{mL} \\ \hline =\ \ \ \ \ \ 700\text{mL} \end{array}$$

시간 계산에서는 조금 다른 점이 있어요. 바로 분에서 시간으로 바뀔 때이지요. 1시간은 60분이기 때문에 60분이 모이면 1시간으로 바꾸어 주어야 해요. 마찬가지로 뺄셈에서 분끼리 뺄 때 받아내림이 필요한 경우에는 1시간을 60분으로 바꾸어 주어야 한답니다.

$$\begin{array}{r} 10\text{시 } 20\text{분} \\ -\ \ 6\text{시 } 40\text{분} \\ \Downarrow \\ 9\text{시 } 80\text{분} \\ -\ \ 6\text{시 } 40\text{분} \\ \hline =\ \ 3\text{시간 } 40\text{분} \end{array}$$

## 개념 문제로 사고력을 키워요

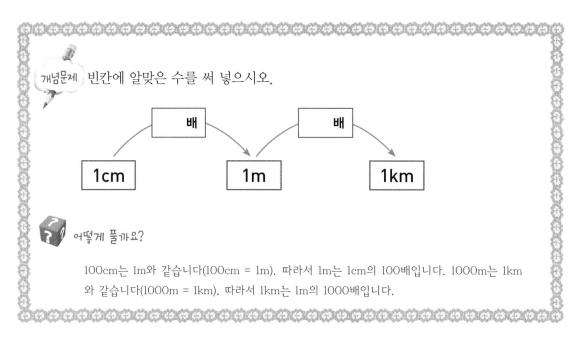

개념문제 빈칸에 알맞은 수를 써 넣으시오.

| 1cm | → 배 → | 1m | → 배 → | 1km |

어떻게 풀까요?

100cm는 1m와 같습니다(100cm = 1m). 따라서 1m는 1cm의 100배입니다. 1000m는 1km와 같습니다(1000m = 1km). 따라서 1km는 1m의 1000배입니다.

01 수영이는 영준이네 집에 가려고 합니다. 수영이네 집에서 놀이터를 지나 영준이 집까지의 거리는 몇 km 몇 m인지 구하세요.

( )

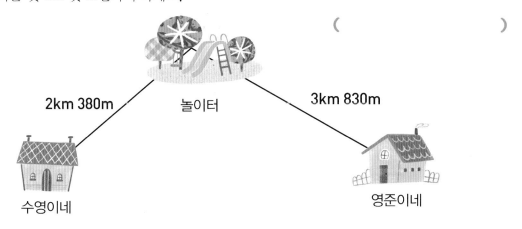

2km 380m   놀이터   3km 830m

수영이네                영준이네

02 진영이는 5시 35분에 숙제를 시작하였습니다. 숙제를 하는데 1시간 42분이 걸렸다면 숙제를 끝냈을 때 시각은 몇 시 몇 분인지 구하세요.

( )

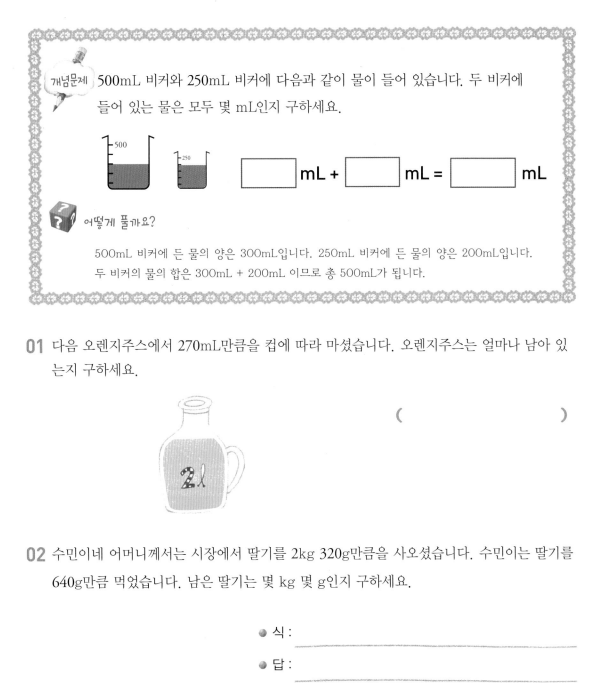

500mL 비커와 250mL 비커에 다음과 같이 물이 들어 있습니다. 두 비커에 들어 있는 물은 모두 몇 mL인지 구하세요.

[     ] mL + [     ] mL = [          ] mL

**어떻게 풀까요?**

500mL 비커에 든 물의 양은 300mL입니다. 250mL 비커에 든 물의 양은 200mL입니다.
두 비커의 물의 합은 300mL + 200mL 이므로 총 500mL가 됩니다.

**01** 다음 오렌지주스에서 270mL만큼을 컵에 따라 마셨습니다. 오렌지주스는 얼마나 남아 있는지 구하세요.

(                    )

**02** 수민이네 어머니께서는 시장에서 딸기를 2kg 320g만큼을 사오셨습니다. 수민이는 딸기를 640g만큼 먹었습니다. 남은 딸기는 몇 kg 몇 g인지 구하세요.

● 식 : _____

● 답 : _____

**01** 서영이네 반에서는 요리 실습 시간에 핫케이크를 만들기로 했습니다. 다음 핫케이크 레시피를 보고 빈칸의 재료의 합을 구하세요. 그리고 재료 칸에서 합의 값이 바른 것에 ○표 해 보세요.

| 재료 ① | 합 | 재료 | 핫케이크 모양 |
|---|---|---|---|
| 핫케이크 가루 500g | 870g | 870g | |
| 우유 370g | | 770g | |

| 재료 ② | 합 | 재료 | 아이스크림 맛 |
|---|---|---|---|
| 계란 170g | | 220g | 초코 |
| 버터 150g | | 320g | 바닐라 |

| 재료의 합 | 합 | 재료 | 과일 토핑 |
|---|---|---|---|
| 재료 ① + 재료 ② | | 1kg 190g | 딸기 |
| | | 1kg 90g | 블루베리 |

(  ,          맛 아이스크림,          토핑 )

핫케이크

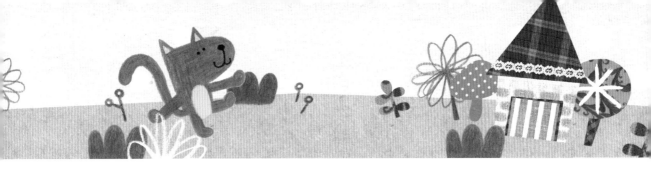

**02** 다음은 유정이네 모둠 친구들이 한 학기 동안 읽은 책의 수를 나타낸 표입니다.

| 이름 | 유정 | 소영 | 태현 | 진서 | 호민 |
|------|------|------|------|------|------|
| 읽은 책 수(권) | 57 | 82 | 37 | 64 | 73 |

위의 표를 한눈에 알아보기 쉽게 그림 그래프로 나타내려고 합니다. 10권은 ( ), 1권은 ( )으로 나타낼 때 그림 그래프를 완성하여 보세요.

〈읽은 책 권수〉

| 유정 | |
|------|------|
| 소영 | |
| 태현 | |
| 진서 | |
| 호민 | |

= 10권
= 1권

[1] 책을 가장 많이 읽은 학생은 누구인가요?

(                    )

[2] 유정이가 소영이만큼 책을 읽으려면 몇 권을 더 읽어야 할까요?

(                    )

## 개념 문제로 사고력을 키워요

 개념문제 아래 도형 중 똑같이 나눈 것을 모두 찾아 기호로 쓰세요.

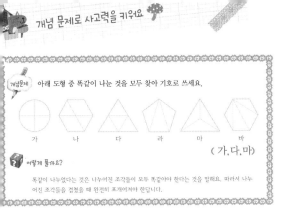

가  나  다  라  마  바

( 가, 다, 마 )

어떻게 풀까요?

똑같이 나누었다는 것은 나누어진 조각들이 모두 똑같아야 한다는 것을 말해요. 따라서 나누어진 조각들을 겹쳤을 때 완전히 포개어져야 한답니다.

1 다음 도형을 분수로 나타내고 읽어 보세요.

● 쓰기: $\frac{6}{9}$

● 읽기: 구분의 육

2 지영이는 케이크의 $\frac{2}{4}$ 만큼 먹었고, 예슬이는 케이크의 $\frac{1}{4}$ 만큼 먹었습니다. 케이크를 더 많이 먹은 사람은 누구인가요?

( 지영이 )

---

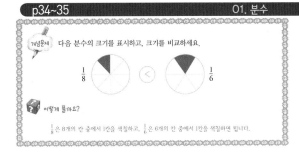

개념문제 다음 분수의 크기를 표시하고, 크기를 비교하세요.

$\frac{1}{8}$  <  $\frac{1}{6}$

어떻게 풀까요?

$\frac{1}{8}$ 은 8개의 칸 중에서 1칸을 색칠하고, $\frac{1}{6}$ 은 6개의 칸 중에서 1칸을 색칠하면 됩니다.

01 다음 빈칸을 채워 보세요.

위의 수막대 한 칸은 분수로는 $\frac{1}{10}$ 이고, 소수로는 0.1 입니다.

수막대에 두 칸을 색칠하면, 분수로는 $\frac{2}{10}$ 이고, 소수로는 0.2 입니다.

02 관련 있는 것끼리 연결하세요.

● 0.5
● 0.3
● 0.6

03 〈보기〉에서 공통으로 의미하는 숫자를 적어 보세요.

보기
★ 6.2보다 큽니다.
★ 7.9보다 작습니다.
★ □.1로 나타냅니다.

( 7 )

---

수학 체험으로 창의력을 키워요    p36-37    01. 분수

01 농부 아저씨가 집에 돌아가려 합니다. 카드를 보고 계산이 바른 것을 연결해 보세요.

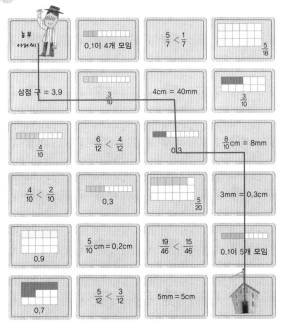

02 수진이는 미로 탐험을 하다 길을 잃었습니다. 수진이가 출구로 나가기 위해서는 두 수 중 분수가 큰 쪽으로 이동해야 합니다. 수진이가 미로를 탈출할 수 있도록 출구를 찾아 주세요.

개념 문제로 사고력을 키워요

개념문제 다음을 곱셈식으로 나타내고 답을 구하세요.

· 30씩 4 : $\boxed{30} \times \boxed{4} = \boxed{120}$

· 20+20+20+20+20    · 80씩 6번 더한 값

: $\boxed{20} \times \boxed{6} = \boxed{120}$    : $\boxed{80} \times \boxed{6} = \boxed{480}$

어떻게 풀까요?

30씩 4번을 곱하면 30 × 4=120, 20씩 6번 더하면 20 × 6=120, 80씩 6번 더하면 80 × 6=480입니다.

01 계산 값이 같은 것끼리 선으로 연결하세요.

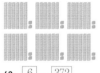

42×2 ──── 88
22×4 ──── 96
32×3 ──── 84
24×2 ──── 48

02 다음을 곱셈식으로 나타내세요.

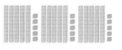

62× $\boxed{6}$ = $\boxed{372}$    $\boxed{55}$ × $\boxed{3}$ = $\boxed{165}$

---

개념문제 다음 곱셈식에 들어갈 숫자를 각각 써 보세요.

```
  2 3 4          1 3 4          3 1 1
×     2        ×   ☐2        ×   ☐3
  4 6 8          2 6 8          9 3 3
```

어떻게 풀까요?

234 × 2=468 , 134 × 2=268 , 311 × 3=933입니다.

01 다음의 빈칸을 채우면서 곱셈식을 완성하세요.

· 문제 : 정민이는 하루에 줄넘기를 345개씩 넘었습니다.
 5일 동안 넘은 줄넘기의 횟수는 몇 번일까요?

· 풀이 : 345×5 = (300 + $\boxed{40}$ +5)×5
   = (300× $\boxed{5}$ )+( $\boxed{40}$ ×5)+(5×5)
   = 1500 + 200 + $\boxed{25}$
   = $\boxed{1725}$

02 다음 사탕 봉지의 사탕 개수를 구하세요.

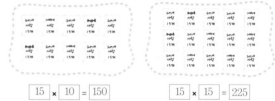

$\boxed{15}$ × $\boxed{10}$ = $\boxed{150}$    $\boxed{15}$ × $\boxed{15}$ = $\boxed{225}$

---

 ◆◆◆◆◆ 수학 체험으로 창의력을 키워요 ◆◆◆◆◆

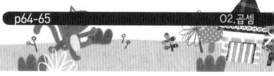
01 예준이가 엄마 로봇에게 감사의 편지를 보내려고 합니다.
 빈칸을 채우면서 편지를 완성하세요.

사랑하는 로봇 엄마에게
 엄마, 저 예준이에요. 항상 저를 돌봐 주시고, 공부도 살펴 주셔서 감사 해요. 저는 엄마가 눈물을 흘려서 정말 슬펐어요. 다시는 울지 않게 말씀도 잘 듣고 예의 바르게 행동할게요.
 엄마가 혼자 있을 때 전원이 부족하지 않도록 선물을 준비했어요. 전원이 부족할 것 같으면 주변사람에게 건전지를 넣어 달라고 꼭 말씀하세요.
 상자를 열어 보세요. 상자에는 13개짜리 건전지 16개를 넣어 두었어요. 총 $\boxed{208}$ 개예요. 그리고, 오늘 아빠가 엄마의 부품을 새로 바꿔 주시면서 멋진 새 옷도 준비했어요. 예쁜 원피스 모양인데, 어깨 부분에는 구슬이 각각 27개씩 2군데 붙어 있어요. 구슬이 총 $\boxed{54}$ 개 달려 있지요. 제가 어젯밤에 한 개씩 붙였어요.
 마지막으로 꽃집에 들러서 제가 좋아하는 12가지 종류의 꽃을 각각 5송이씩 샀어요. 총 $\boxed{60}$ 송이예요. 엄마를 닮아 참 예뻐요. 항상 저와 함께해 주셔서 감사해요.

예준 올림

02 예준이는 아빠와 동생 로봇을 만들려고 합니다.
 설계도를 보고 필요한 부품을 준비하세요.

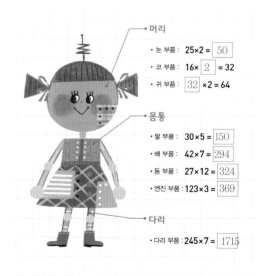

▸머리
· 눈 부품 : 25×2 = $\boxed{50}$
· 코 부품 : 16× $\boxed{2}$ = 32
· 귀 부품 : $\boxed{32}$ ×2=64

몸통
· 팔 부품 : 30×5 = $\boxed{150}$
· 배 부품 : 42×7 = $\boxed{294}$
· 등 부품 : 27×12 = $\boxed{324}$
· 엔진 부품 : 123×3 = $\boxed{369}$

▸다리
· 다리 부품 : 245×7 = $\boxed{1715}$

# 개념 문제로 사고력을 키워요

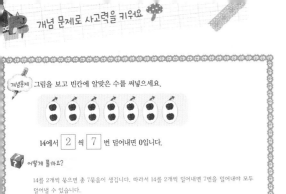

개념문제 그림을 보고 빈칸에 알맞은 수를 써넣으세요.

14에서 2 씩 7 번 덜어내면 0입니다.

어떻게 풀까요?

14를 2개씩 묶으면 총 7묶음이 생깁니다. 따라서 14를 2개씩 덜어내면 7번을 덜어내야 모두 덜어낼 수 있습니다.

1 다음 사탕 12개를 똑같이 3접시로 나누어 보고 빈칸에 알맞은 수를 써넣으세요.

12개를 3 접시에 똑같게 나누면 한 곳에 4 개씩 놓여집니다.

2 그림을 보고 곱셈식과 나눗셈식으로 써 보세요.

곱셈식    4×5=20

나눗셈식    20÷5=4, 20÷4=5

---

개념문제 나눗셈 18÷3의 몫을 구하려고 합니다. 다음 그림처럼 3개씩 묶어 덜어내어 몫을 구하세요.

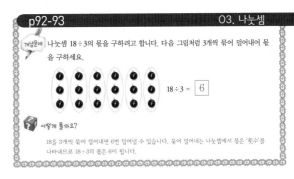

18÷3 = 6

어떻게 풀까요?

18을 3개씩 묶어 덜어내면 6번 덜어낼 수 있습니다. 묶어 덜어내는 나눗셈에서 몫은 '횟수'를 나타내므로 18÷3의 몫은 6이 됩니다.

01 빈칸에 알맞은 수를 써넣으세요.

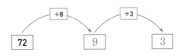

72    9    3

02 금화 56개를 8명이서 나누어 가지려고 합니다. 한 사람이 가질 수 있는 금화는 몇 개입니까?

식    56÷8

답    7

---

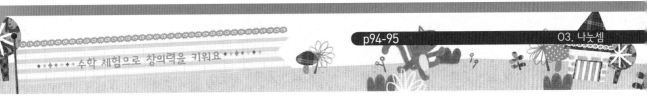

수학 체험으로 창의력을 키워요

01 각 문제에 나눗셈을 하고 나눗셈 해답에 맞는 글자를 넣어 문제를 완성해 주세요. 완성된 문장은 넌센스 퀴즈입니다. 퀴즈의 답을 맞춰 주세요.

| 13 | 12 | 6 | 7 | 31 | 16 | 39 | 49 | 9 | 4 |
|----|----|----|----|----|----|----|----|----|----|
| 강 | 은 | 기 | 수 | 고 | 살 | 가 | 는 | 물 | 없 |

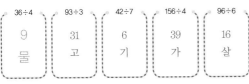

36÷4    93÷3    42÷7    156÷4    96÷6

9    31    6    39    16

물    고    기    가    살

56÷8    12÷3    98÷2    39÷3    108÷9

7    4    49    13    12

수    없    는    강    은

정답

요강

02 찬영이는 친구들과 도서관에서 만나기로 하였습니다. 도서관을 가기 위해서는 다음 강을 건너야 합니다. 찬영이가 도서관에 도착할 수 있도록 징검다리를 건너 보세요.

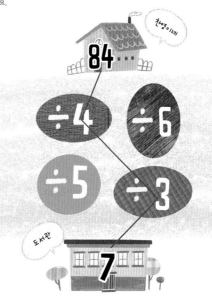

찬영이네

84

÷4    ÷6

÷5    ÷3

도서관

7

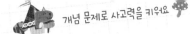

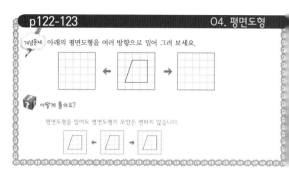

**개념문제** 아래의 평면도형을 여러 방향으로 밀어 그려 보세요.

**어떻게 풀까요?**

평면도형을 밀어도 평면도형의 모양은 변하지 않습니다.

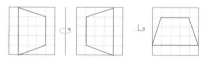

---

**개념문제로 사고력을 키워요**

**개념문제** 다음 빈칸을 채우면서 각을 살펴보세요.

한 점에서 그은 두 직선으로 이루어진 도형 점 ㄴ을 | 각 |, 직선 ㄱㄴ, 직선 ㄴㄷ을 | 변 |(이)라고 합니다. 이 각을 각 ㄱㄴㄷ 또는 각 ㄷㄴㄱ이라고 합니다. 각 ㄹㅁㅂ과 같은 모양의 각을 직각이라고 합니다.

**어떻게 풀까요?**

한 점에서 그은 두 직선으로 이루어진 도형을 각이라고 합니다.
각 ㄹㅁㅂ과 같은 모양의 각을 직각이라고 합니다.

01 다음 빈칸을 채우면서 직각삼각형을 살펴보세요.

아래 삼각형에서 직각을 〈보기〉와 같이 표시해 보고 직각이 있는 삼각형에 동그라미 하세요.
직각삼각형은 한 각이 | 직각 |인 삼각형입니다.

02 다음 빈칸을 채우면서 직사각형을 살펴보세요.

아래 사각형에서 직각을 찾아 〈보기〉와 같이 표시해 보고 네 각이 모두 직각인 사각형에 동그라미 하세요. 네 각이 모두 직각인 사각형을 | 직사각형 |(이)라고 합니다.

01 아래의 평면도형을 오른쪽으로 뒤집은 후 ⌐ 방향으로 도형을 그려 보세요.

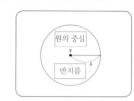

02 원의 중심, 지름, 반지름과 관련해 아래의 빈칸을 채우세요.

① 왼쪽 원의 지름이 6cm일 때,
반지름은 | 3 | cm입니다.

② 왼쪽 원의 지름이 | 12 | cm일 때,
반지름은 6cm입니다.

---

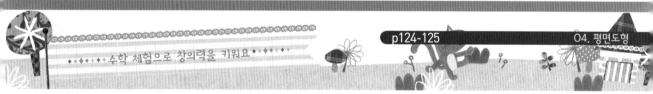

수학 체험으로 창의력을 키워요

01 아래는 마을 어린이들이 초록이에게 쓴 편지입니다. 편지를 완성해 보세요.

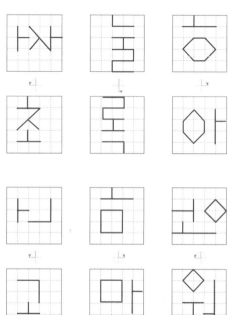

02 아래의 다양한 도형을 연결하는 붉은색 선의 길이는 몇 cm인지 구하세요.

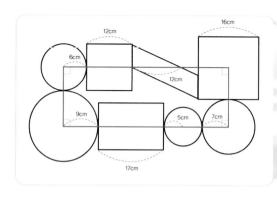

(      116cm      )

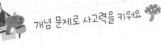

## 개념 문제로 사고력을 키워요

개념문제 빈칸에 알맞은 수를 써 넣으시오.

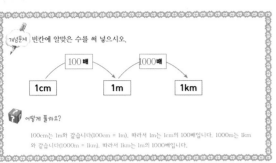

100배
1cm → 1m

1000배
1m → 1km

**어떻게 풀까요?**

100cm는 1m와 같습니다(100cm = 1m). 따라서 1m는 1cm의 100배입니다. 1000m는 1km와 같습니다(1000m = 1km). 따라서 1km는 1m의 1000배입니다.

01 수영이는 영준이네 집에 가려고 합니다. 수영이네 집에서 놀이터를 지나 영준이 집까지의 거리는 몇 km 몇 m인지 구하세요.

( 6km 210m )

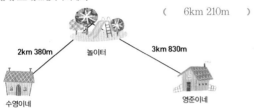

2km 380m
놀이터
3km 830m

수영이네        영준이네

02 진영이는 5시 35분에 숙제를 시작하였습니다. 숙제를 하는데 1시간 42분이 걸렸다면 숙제를 끝냈을 때 시각은 몇 시 몇 분인지 구하세요.

( 7시 17분 )

개념문제 500mL 비커와 250mL 비커에 다음과 같이 물이 들어 있습니다. 두 비커에 들어 있는 물은 모두 몇 mL인지 구하세요.

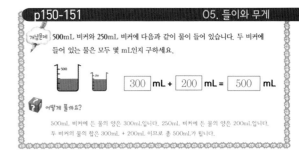

300 mL + 200 mL = 500 mL

**어떻게 풀까요?**

500mL 비커에 든 물의 양은 300mL입니다. 250mL 비커에 든 물의 양은 200mL입니다. 두 비커의 물의 합은 300mL + 200mL 이므로 총 500mL가 됩니다.

01 다음 오렌지주스에서 270mL만큼을 컵에 따라 마셨습니다. 오렌지주스는 얼마나 남아 있는지 구하세요.

( 1L 730mL )

02 수민이네 어머니께서는 시장에서 딸기를 2kg 320g만큼을 사오셨습니다. 수민이는 딸기를 640g만큼 먹었습니다. 남은 딸기는 몇 kg 몇 g인지 구하세요.

● 식 : ___2kg 320g-640g___

● 답 : ___1kg 680g___

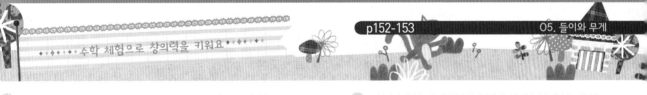

## 수학 체험으로 창의력을 키워요

01 서영이네 반에서는 요리 실습 시간에 핫케이크를 만들기로 했습니다. 다음 핫케이크 레시피를 보고 빈칸의 재료의 합을 구하세요. 그리고 재료 칸에서 합의 값이 바른 것에 ○표 해 보세요.

| 재료 ① | 합 | 재료 | 핫케이크 모양 |
|---|---|---|---|
| 핫케이크 가루 500g | 870g | 870g | |
| 우유 370g | | 770g | |

| 재료 ② | 합 | 재료 | 아이스크림 맛 |
|---|---|---|---|
| 계란 170g | 320g | 220g | 초코 |
| 버터 150g | | 320g | 바닐라 |

| 재료의 합 | 합 | 재료 | 과일 토핑 |
|---|---|---|---|
| 재료 ① + 재료 ② | 1190g | 1kg 190g | 딸기 |
| | | 1kg 90g | 블루베리 |

( 핫케이크 , 바닐라 맛 아이스크림, 딸기 토핑 )

02 다음은 유정이네 모둠 친구들이 한 학기 동안 읽은 책의 수를 나타낸 표입니다.

| 이름 | 유정 | 소영 | 태현 | 진서 | 호민 |
|---|---|---|---|---|---|
| 읽은 책 수(권) | 57 | 82 | 37 | 64 | 73 |

위의 표를 한눈에 알아보기 쉽게 그림 그래프로 나타내려고 합니다. 10권은 ( 📗 ), 1권은 ( 📕 )으로 나타낼 때 그림 그래프를 완성하여 보세요.

〈읽은 책 권수〉

| | |
|---|---|
| 유정 | |
| 소영 | |
| 태현 | |
| 진서 | |
| 호민 | |

📗 = 10권
📕 = 1권

[1] 책을 가장 많이 읽은 학생은 누구인가요?

( 소영 )

[2] 유정이가 소영이만큼 책을 읽으려면 몇 권을 더 읽어야 할까요?

( 25권 )